规则中的规则

规则中的规则，既是大道理——道理中的道理
更是大智慧——智慧中的智慧

梁秀梅◎编著

金城出版社
GOLD WALL PRESS

图书在版编目(CIP)数据

规则中的规则/梁秀梅编著. —北京:金城出版社,2011.3(2023.11重印)

ISBN 978-7-80251-861-2

Ⅰ.①规… Ⅱ.①梁… Ⅲ.①人生哲学—通俗读物 Ⅳ.①B821-49

中国国家版本馆CIP数据核字(2011)第021577号

规则中的规则

作　　者　梁秀梅
责任编辑　雷燕青
责任校对　张纯宏
责任印制　李仕杰
开　　本　710毫米 ×1000毫米　1/16
印　　张　15
字　　数　220千字
版　　次　2011年4月第1版
印　　次　2023年11月第2次印刷
印　　刷　三河市九洲财鑫印刷有限公司
书　　号　ISBN 978-7-80251-861-2
定　　价　29.80元

出版发行　**金城出版社**　北京市朝阳区利泽东二路3号　邮编　100102
发 行 部　(010)84254364
编 辑 部　(010)64210080
总 编 室　(010)64228516
网　　址　http://www.jccb.com.cn
电子邮箱　jinchengchuban@163.com
法律顾问　北京植德律师事务所(电话)18911105819

前言

天有日月星辰，地有江河湖海，一年有春夏秋冬，人生有生老病死。上到月的阴晴圆缺，下到人的悲欢离合，世间万物的运行都遵循着一定的规则。不管你承不承认，这些规则都是客观存在的，这些规则都在潜移默化地影响和改变着我们的人生。

一个生命从孕育到结束，整个过程都离不开规则的支配。于是，在我们生活的世界，规则被人类定义为反映客观事物本身及其发展过程的一种固有的、深藏于现象背后并决定或支配现象的东西。规则可以是以书面形式规定下来的成文条例，也可以是存在于人们口耳之间的约定俗成。它是千变万化的现实世界中相对静止的具有规律性的原则、本质。可以说，现代社会本身就是一个以规则为纽带而紧密联系在一起的高速度、高效率的社会。

这些规则是蕴含在社会生活中的。它们看不见，摸不着，却始终起着作用。如果人们依照这些规则去做，就能够事半功倍、顺风顺水取得成功；如果人们不遵守这些规则，违背“天意”，就会受到惩罚，就会输得很惨。

规则存在于人生当中的每时每刻，它无所不在，就像一只无形而又巨大的手，将人们牢牢罩住，即便是孙悟空的七十二变外加筋斗云，也难以逃脱。有一位作家这样说道：“人一出生就沦陷了，沦陷在了各种各样的规则当中，情场的、职场的、商场的……面对生命的幻境，每个人在清醒的时候，都想挣脱，每用力挣扎一下，反而是陷得越深！无形的，有形的，看得见的，看不见的，尽是规则。”这无疑是对规则的最好诠释。

违背规则，有如逆水行舟，阻碍重重，难以前行。在规则面前，反抗永远是徒劳的，唯有直面规则，发现并顺应规则，才能顺水推舟或激流勇进。

本书从认清真相、说话办事、人际交往、婚恋、职场、商场、赢得成功等七个方面入手，翔实地讲解了人生中的重要规则，着重分析了这些隐藏在社会生活背后的规则，教人们学会从规则中看透规则，把握规则。本书理论和事例相结合，通俗易懂，内容贴近生活和工作，具有很强的实用性。熟知这些规则，能够增强我们的智慧，这对于我们当下的生活和工作，有着重要的现实意义和指导意义。了解这些规则并懂得运用这些规则，能够让我们认清事物的本相，能够使我们的生活和工作顺风顺水。

目录 Contents

第一章　认清真相的规则

本质是客观事物存在的根本性质，它隐藏于灵活多变的事物表面现象之中。唯有掌握一定的规律法则，由表及里、去伪存真，才能认清事物的真相，看透事物的本质，从而达到别人所不能到达的境界。

第二章 说话办事的规则

说话办事要讲究一定的技巧，才能达到事半功倍的效果。说话办事更要讲求规则，在规则中以不变应万变，才能让说者所向披靡，听者心悦诚服，这样办起事来才能无所不能，无往不胜。

第三章　人际交往的规则

多方位解读日常生活中的人际交往行为规则，全方面探索人际交往中的心理制胜策略，重新检视自己的成败与得失。这样，才能改变自己，提升自己，完善自己的人生。

第四章　婚恋中的规则

婚恋是一门艺术，更是一种技巧，因此，恋爱结婚也有一套不可违背的规则。掌握并懂得运用这种规则，才能使得有情人终成眷属，才能让夫妻间的幸福甜蜜细水长流，恩爱一生。

第五章　职场中的规则

职场是人生的演绎。因此，职场是残酷的，有时甚至是黑暗的，要想在其中生存发展，就需要深刻地解读它的游戏规则。只有悟透职场中的各种规则，才能在职场中处理好人际关系，才能顺风顺水。

第六章　商场中的规则

商场如战场，古人上战场，要遵循天时、地利、人和等规律，而如今要想雄霸商场，也需要遵循一定的自然法则。无规矩不成方圆，遵守规则才能成方成圆，才能运筹帷幄，做到百战而不殆。

第七章　赢得成功的规则

“肯用心思考未来，抓重大趋势。预见未来，就是要怀疑一切，打破常规，看透现在，颠覆时代。”李嘉诚先生就是这样阐述规则在成功中的重大作用的——成功需要打破常规，并从打破的规则中抓住规则。

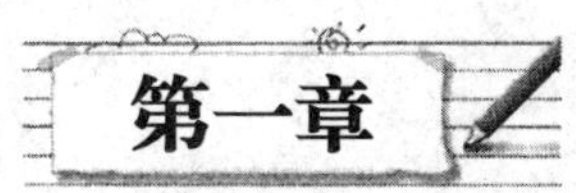

认清真相的规则

本质是客观事物存在的根本性质，它隐藏于灵活多变的事物表面现象之中。唯有掌握一定的规律法则，由表及里、去伪存真，才能认清事物的真相，看透事物的本质，从而达到别人所不能到达的境界。

丛林规则：
物竞天择，适者生存

丛林规则，是指在丛林中，生物之间会弱肉强食，优胜劣汰，而且，生物之间的竞争永不停息，丛林中的强弱位置也会随之发生改变。这个规则也适用于人类社会，大到国家间、政权间的竞争，小到企业间、人与人之间的竞争，都要遵循丛林规则。当然这种适用并非是机械的、刻板的、庸俗的。

丛林中有一棵大树，它的顶端极力向上，以寻求最多的阳光雨露；它粗大的枝干尽可能地占领着空间，以呼吸最新鲜的空气；它的根系极尽繁茂，以汲取大地最多的肥料。然而，在大树旁边，几棵瘦弱的小树枝干细脆，叶片枯黄，小树愤怒地对大树说："你够强大了，为什么还要限制我的生长？"大树漠然地看了它一眼，冷漠地说："对于我来说，你的生长永远是个威胁，弱肉强食，这就是丛林规则。"

自然界中存在丛林规则是必然的。因为，整个地球的资源是有限的，为了生存和繁衍，自然就会出现竞争，实力不够的生物，就只好被淘汰。俗话"大鱼吃小鱼，小鱼吃虾米，虾米吃淤泥"就是对这一现象最通俗的描述。

自然界中存在丛林规则是必然的，我们人类自然不能简单比照这个规则，而应该对这个规则有更深层次的理解。以下这个寓言所表达的寓意，就能为此做出很好的阐述。

一粒草籽在春风的吹拂下落在大树下，一滴又一滴露水从大树的枝干滴下，没几天，这粒种子就从泥土的缝隙中伸出小芽。草儿抬起头："大树先生，谢谢您的帮助！"大树哈哈大笑起来："别客气，丛林的规则说我们应该互相帮助。你只管放心地长吧，不管发生什么事，我会帮助你的。"小草感动了，它一次次地长高，一次次地倒下，终于长成一片嫩绿如茵的草坪。见此情景，一直没有作声的小树不解地问："你疯了吗？为什么那么卖力地生长？"小草回答说："我不能辜负热心的大树先生对我的帮助。"小树摇头冷笑："它热心？你看它把我挤成这样，我都要无立足之地了。它帮你是因为你的存在不仅不会对它构成威胁，还会养护它脚下的土地，使土壤变得肥沃。"

丛林中，不仅仅只有血淋淋的弱肉强食，还有互惠互利的合作。互利互惠的目的是为了获得更多、更好的资源，是为了达到一种共赢的局面。过了几天，狂风大作，电闪雷鸣，一场暴雨从天而降，大树的树干被折断了，庞大的身躯凌乱地躺在地上，而它旁边的小树却安然无恙地站在那儿。大树奇怪地问小树："这么大的风你怎么会没事？我都不能幸免于难，弱小的你怎么逃过这一劫的？"小树说："正是你的高大招致了你的毁灭，难道你忘了'树大招风''木秀于林风必摧之'的古训了吗？"

这就是丛林规则，丛林中的强弱位置不可能永远不变。你只有抓住一切机会，磨炼意志，锻炼身体，才能在竞争中获胜。丛林规则告诉我们，物竞天择，适者生存，不能适应环境，就只能被环境淘汰。强弱是可以逆转的，所以时刻要有危机意识。

标签规则：
不要被标签所左右

当一个人被一种词语或名称贴上标签的时候，就会做出自我印象管理，使自己的行为与所贴的标签内容相一致。这种现象是由于贴上标签而引起的，故称为“标签规则”。心理学上也叫“暗示效应”。

心理学家克劳特在 1973 年做了一个实验。他要求人们为慈善事业做出捐献，然后根据他们是否有捐献，给予“慈善的”或“不慈善的”称号。另一些被试者则没有用标签法。后来再次要求他们做捐献的时候，标签就有了使他们以第一次的行为方式去行动的作用，也就是那些第一次捐了钱并被称为“慈善的”人，比那些没有标签的人捐得要多，而那些第一次没有捐钱而被称为“不慈善的”比没有标签的人贡献得更少。

但是，如果贴的标签不是正面的、积极的，那么被贴标签的人就可能朝与所贴标签内容相反的方向行动。心理学家斯弟尔在 1976 年对此做了一项研究。他给人们打电话，说他们参加了（或没有参加）某个团体，或者讲一些对那个团体不太友好的话，然后要求这些人帮助那个团体。结果表明，消极的标签比积极的标签起了更大的作用，其原因大概是被测试者认为这种标签太不公正。因此，他们想主持公道，并乐于帮助这个团体。

心理学认为，之所以会出现“标签规则”这种现象，主要是因为“标签”具有定性导向的作用，无论是“好”是“坏”，它对一个人的“个性意识的自我认同”都有强烈的影响作用。给一个人“贴标签”的结果，往往是使其向“标签”所喻示的方向发展。

在第二次世界大战期间，美国由于兵力不足，而战争又的确需要一批军人。于是，美国政府就决定组织关在监狱里的犯人上前线战斗。为此，美国政府特意派了几个心理学专家对犯人进行了战前的训练和动员，并随他们一起到前线作战。训练期间心理学专家们对他们没有过多地进行说教，而是特别强调犯人们每周给自己最亲的人写一封信。信的内容由心理学家统一拟定，叙述的是犯人在狱中的表现如何得好，如何接受教育、改过自新，等等。专家们要求犯人们认真抄写后寄给自己最亲爱的人。

三个月后，犯人们开赴前线，结果，这批犯人在战场上的表现比起正规军而言毫不逊色，他们在战斗中正如自己信中所说的那样服从指挥，那样勇敢拼搏。后来，心理学家就把这一现象称为“标签规则”。

在标签规则中，如果贴的标签是反面的、消极的，那么被贴标签的人也可能由于觉得不公平而产生与所贴标签内容方向相反的行动，也就是说，“激将法”是可行的。但是，要负面的、消极的标签产生正面的效果需要两个条件：一是被贴标签者能够理解所贴标签是不是客观、公正的，二是被贴标签者的独立性比较强。

一个人的成长，不但受制于先天的遗传因素，更脱离不开后天环境的影响。在种种影响因素中，社会评价和心理暗示的作用非常之大。每个人的性格和行为变得跟他人对自己的评价越来越相像。我们要善于运用“标签规则”对人们的心理起到健康的引导作用，做一个健康、向上的人。

阳光规则：
遵循事物的规律，诱导强于压迫

我们把一盆花草放在暗室里，只有窗户能透射进来一点阳光，那么花草一准朝向阳光生长。我们把它称做自然界的“阳光规则”。

《伊索寓言》中有一则小故事是由自然现象引喻出来的：北风和太阳在争论谁的本领更大。吵得正起劲的时候，路上走过来一个人。它俩说，看谁能够把那个人身上的衣服脱掉，谁就算赢。北风先呼呼地吼了一阵，差点把那个人的大衣吹掉。可是风越刮越厉害，那个人却将大衣越裹越紧。北风用尽了力气，也没有办法叫那人把大衣脱掉。这时候，轮到太阳上场显本领了，它赶走了天上的乌云，用温暖的阳光照在那个人身上。那个人被太阳一晒，觉得全身暖洋洋的，马上就脱掉了大衣。太阳越晒越猛，那个人觉得越来越热，于是就把身上的衣服一件一件地脱下来。北风见状只好认输。“北风与太阳”的这个故事，用两种截然相反的方式向我们揭示了人际互动中要求与需求之间的关系。这种现象被称为“阳光规则”。

大到对国家的治理，小到家庭内部的管理，无处不体现着阳光规则的影响。在此我们一起感受阳光规则在生活中的体现。

一次，在公交车上看到这样一幅情景：车上并不拥挤但人也不少。一位看上去有五六十岁的老妇人站在了一个座位旁边，座位上坐着一个十几岁的小女孩，老妇人的身旁站着一位美丽的妙龄少女。几站之后，小女孩准备下车了，就在她刚一起身的瞬间，那个妙龄女迅速将手中的皮包越过老妇人的肩膀放到了空出的座位上。老妇人一边为她让开身，一边平静地说："别着急，让我挪一下。"抢到座位的妙龄女嘟囔着："谁着急了？"妙龄少女坐下之后，发现老妇人总是看她便有些不耐烦，于是便说："你总看我干什么？""我在欣赏你的美丽。"老妇人仍然平静地说，"你很漂亮。"妙龄少女白净的脸上泛起了红晕，但是表情中却流露出一种不耐烦。老妇人继续平静地说："我下一站就该下车了，这个座位原本就是你的。"妙龄少女的脸庞上红晕面积愈加大了起来，但嘴上依然撑着面子："下就下呗。"老妇人的脸上泛起了一丝笑意，依然平静而温和："姑娘，知道吗？有的时候一个座位很容易得到，但是做人却不那么容易了。"说完之过，老妇人下车了。可以看得出妙龄少女的面容上写满了羞涩。

在生活中，我们常会遇见人们因为一些琐事而发生争吵，双方为了各自的利益会用辩解、驳斥甚至怒骂去解决矛盾，但结果却导致冲突升级，甚至结怨。而车上的这位老妇人没有指责，没有抱怨，温和而平静地让妙龄女从中获得了一种教益。这就是阳光规则的表现。我相信老妇人的话语和态度会在妙龄少女的心中留下难以磨灭的印象，并会影响到她以后的处事方式。试想，如果老妇人为了这个座位与她发生争吵又会是一个怎样的结果呢？至少有一点可以断定，妙龄少女很难从中去体验到羞涩的感受。

夫妻之间、亲子之间、手足之间，所有这些关系都会给人一种温暖的感受，但也正是在这样的温情之中往往更容易造成冲突。我们可能都有过这样的经历，身在外，我们会对周围的人报以微笑，我们在他人眼中很有礼貌，懂事理，温文尔雅，彬彬有礼。但回到家中，我们放下了大度，丢失了谦和，抱怨、指责、火气不时地抛向了自己最亲密的家人，因为在我们的心中总会认为家人可以接纳你的抑郁，容忍你的烦躁。也正是因为亲人之间存在着特殊的情感，所以我们会向他们提出更加苛刻的要求和过度的期望。要求爱人十全十美，希望爱子出类拔萃，一旦达不到就会出现抱怨和指责："看看人家老公已经升职加薪，瞧瞧你有多窝囊！""人家老婆做得一手好菜，看看你一点都不贤惠！""人家孩子已经考了英语四级了，你怎么那么不争气！"期望一旦落空，家庭之间的冲突矛盾也就会成为座上客。有人会说，我这也是为了这个家过得更好，希望他们能够更有出息。但是，我们却单单忘掉了人人需要阳光这个真理，特别是在亲情当中，阳光更温暖，更加有效。

人际互动中，你需要"阳光"而希望躲避"北风"，你身边的人同样也欢迎"阳光"而排斥"北风"。温暖胜于严寒，做事要遵循事物的规律，要善于诱导而不是去强制压迫，只有做到了这点，就会激发主体的积极性，并从根本上解决问题。

蔡戈尼规则：
只有适度才是最好的

蔡戈尼规则是指人们天生就有一种办事有始有终的驱动力，人们之所以会忘记已经完成的工作，是因为想要完成的动机已经得到满足；如果工作尚未完成，这同一动机就会使他对此留下深刻印象。

1927年，心理学家蔡戈尼做了一个实验：将受试者分为甲乙两组，同时演算相同的数学题。其间让甲组顺利地演算完毕，而另外一组演算中途突然下令停止。然后让两组分别回忆演算的题目，乙组明显优于甲组。这种未完成的印象深刻地留存于乙组人的记忆中，久搁不下。而那些已经完成题目的人，“完成欲”得到了满足，也就轻松地忘记了任务。

这种解答未遂的问题，深刻地留存记忆中的心态叫蔡戈尼规则。

很多人有与生俱来的完成欲，要做的事一日不完结，一日得不到解脱。关于这种心理，曾有过这样一段佳话：一位爱睡懒觉的大作曲家，他的妻子为使丈夫起床，便在钢琴上弹出一组乐曲的头三个和弦。作曲家听完之后，辗转反侧，终于不得不爬起来，弹完最后一个和弦。

倘若信只写了一半，圆珠笔突然写不出了，你是随手拿起另一支笔继续写下去呢，还是四处找一支颜色相同的笔，在寻找时思路又转到别的方面去了，而丢下没写完的信不理？或者，你是否被一本间谍小说迷住了，哪怕明天早上有一个重要的会议等你去开，你也要读到凌晨4点仍不释卷？之所以会出现这种现象，是因为人们天生有一种办事有始有终的驱动力。请试画一个圆圈，在最后留下一个小缺口，现在请你再看它一眼，你的心思会倾向于要把这个圆完成。

蔡戈尼规则使人们走入两个极端。一个是过分强迫，面对任务非得一气呵成，不完成便死抓着不放手，甚至偏执地将其他任何人和事物置身事外。但是一个非把每件事都做完不可的人，驱动力过强，可能导致生活没有规律，心理过度紧张。另一端是驱动力过弱，做任何事都拖沓啰唆，时常半途而废，总是不把一件事情完全完成之后再转移目标，永远无法彻底地完成一件事情。一个人做事总是半途而废，也许只是因为害怕失败。他永远不去把一件作品完成，以避免受到批评。同样，只愿永远当学生而不想毕业的人，也许是因为这样就可以不到社会上工作；也可能由于他在潜意识中就不相信自己可以成功，于是害怕成功，因此也就下意识地逃避成功。

如果你经常走到“蔡戈尼规则”过强的那一端，那么你就很有可能是一个工作狂。这样的人通常性格比较偏执、自主、坚定，忙于完成任务的紧张生活一定充满了苦趣，太狭窄，太单一。你不妨试着缓和一下过强的“蔡戈尼规则”，周末和朋友约会，下班后看看电视，学习享受人生的乐趣。

如果经常走到“蔡戈尼规则”过弱的一端，你一定时常做事半途而废。心理医生对此给予了最简单的建议：“如果你精力集中的时间限度是10分钟，那么，你的脑筋一开始散漫的时候，你就要停止工作，然后用3分钟的时间活动筋骨，例如跳几下，去倒一杯水，或是做些静力锻炼的肌肉运动。活动过后，再把另一个 10 分钟花在工作上。”

只有适度才是最好的，这样才能一方面事业有成，另一方面享受人生的乐趣。

破窗规则：千里之堤，溃于蚁穴

破窗规则是社会学家威尔逊和犯罪学家凯琳提出的。如果有人把一幢建筑物的窗户玻璃打破了，而这扇窗户没有得到及时的维修，这就将给别人某些暗示，纵容人们去打烂更多的窗户。久而久之，这些破窗户就给人们造成一种无序感，最后，在这种大家麻木不仁的氛围中就会滋生邪念，并且会发展到犯罪。

1969 年，美国斯坦福大学的心理学家菲利普·辛巴杜进行了一项实验：他找来两辆一模一样的汽车，其中一辆停在加州帕洛阿尔托的中产阶级社区，另一辆停在相对杂乱的纽约布朗克斯区。他把停在布朗克斯的那辆车的车牌摘掉，把顶棚打开，结果，这辆车当天就被人偷走了。而放在帕洛阿尔托的那一辆，一个星期也没有人去关注。接着，辛巴杜用锤子把停在帕洛阿尔托那辆车玻璃敲了个大洞。结果，仅仅过了几个小时，这辆车就不见了。

纽约地铁曾被认为是“可以为所欲为、无法无天的场所”，针对纽约地铁犯罪率的飙升，纽约市的警察局长布拉顿采取的措施是：号召警察认真推进有关“生活质量”的法律。他以“破窗规则”为师，虽然地铁站的重大刑案不断增加，他却全力打击逃票。

结果发现，每 7 名逃票者中，就有 1 名是通缉犯；每 20 名逃票者中，就有一名携带着凶器。这样，从抓逃票开始，地铁站的犯罪率竟然逐渐下降，治安状况大幅好转。他的做法显示，小奸小恶正是暴力犯罪的温床。对这些看似微小、却有象征意义的违章行为进行大力整顿，就能大大地减少刑事犯罪。

我们日常生活中也经常有这样的体会：桌子上的财物，敞开的大门，可能使本来没有贪念的人心生贪念。一间房子如果窗户破了，没有人去修补，隔不久，其他的窗户也会莫名其妙地被人打破；一面墙上如果出现一些涂鸦没有清洗掉，很快墙上就布满了乱七八糟、不堪入目的东西。而在一个很干净的地方，人们会很不好意思扔垃圾，但是一旦地上有垃圾出现，人们就会毫不犹豫地随地乱扔，丝毫不觉得羞愧。对于违反公司程序或廉政规定的行为，有关组织没有进行严肃的处理，没有引起员工重视，就会使类似的行为再次甚至多次重复发生；对于工作不讲求成本效益的行为，有关领导不以为然，就会使下属的浪费行为因得不到纠正而日趋严重，这就是“破窗规则”的种种表现。

美国有家公司，规模虽然不大，但以极少炒员工鱿鱼而著称。有一天，资深车工杰瑞在切割台上工作了一会儿，就把切割刀前的防护挡板卸下放在一旁。没有防护挡板，虽然埋下了安全隐患，但收取加工零件会更方便、快捷一些，这样杰瑞就可以赶在中午休息之前完成工作。不巧的是，杰瑞的举动被走进车间巡视的主管逮了个正着。主管雷霆大怒，令他立即将防护板装上，之后又站在那里大声训斥了半天，并声称要作废杰瑞一整天的工作。第二天一上班，杰瑞就被通知去见老板。老板说：“身为老员工，你应该比任何人都明白安全对于公司意味着什么。你今天少完成了零件，少实现了利润，公司可以换个人换个时间把它们补起来，而你一旦发生事故，失去健康乃至生命，那是公司永远都补偿不起的。”离开公司那天，杰瑞流泪了，工作了几年，杰瑞有过风光，也有过不尽如人意的地方，但公司从没有人说他不行。可这次不同，杰瑞知道，这次事情虽小，但碰到的是公司的底线。

在平时的生活中，对自己或他人所犯的错误，应该适时、迅速、积极地做出反应，根据具体情况进行处理或给出必要提示，让自己和他人都知道：这样做是不对的。只有这样，在心理上才能起到警示作用。千万不能等犯了很多错误才去处理，那样只会让错误越积越多。

任何一种不良现象的存在，都在传递着一种信息，这种信息将会导致不良现象的无限扩展，必须高度警觉那些看起来是偶然的、个别的、轻微的“过错”，如果对这种行为不闻不问、熟视无睹或纠正不力，就会纵容更多人“去打烂更多的窗户玻璃”，极有可能演变成“千里之堤，溃于蚁穴”的恶果。

巴纳姆规则：
认识你自己

巴纳姆规则指的就是这样一种心理倾向，即人很容易受到来自外界信息的暗示，从而出现自我知觉的偏差，认为一种笼统的、一般性的人格描述十分准确地揭示了自己的特点。这个规则是以一位广受欢迎的著名魔术师肖曼·巴纳姆来命名的，他认为：他的节目之所以受欢迎，是因为节目中包含了每个人都喜欢的成分，所以每一分钟都有人上当受骗。

心理学家罗勃曾经做过一个实验，他给一群人做完明尼苏打多相人格检查表(MMPI)后，拿出两份结果让参加者判断哪一份是自己的结果。事实上，一份是参加者自己的结果，另一份是多数人的回答平均起来的结果。参加者竟然认为后者更准确地表达了自己的人格特征。

这项研究告诉我们，每个人很容易相信一个笼统的、一般性的人格描述特别适合他。即使这种描述十分空洞，他仍然认为反映了自己的人格面貌。曾经有心理学家用一段笼统的、几乎适用于任何人的话让大学生判断是否适合自己，结果，绝大多数大学生认为这段话将自己刻画得细致入微，准确至极。

下面一段话是心理学家使用的材料，人们听后，经常会觉得这

是在描述自己：

“你很需要别人喜欢并尊重你。你有自我批判的倾向。你有许多可以成为你优势的能力没有发挥出来，同时你也有一些缺点，不过你一般可以克服它们。你与异性交往有些困难，尽管外表上显得很从容，其实你内心焦急不安。你有时怀疑自己所做的决定或所做的事是否正确。你喜欢生活有些变化，厌恶被人限制。你以自己能独立思考而自豪，别人的建议如果没有充分的证据你不会接受。你认为在别人面前过于坦率地表露自己是不明智的。你有时外向，亲切，好交际，而有时则内向、谨慎、沉默。你的一些理想往往很不现实。”

这其实是一顶套在谁头上都合适的帽子。在生活中，巴纳姆规则这种效应的典型反映是在算命过程中。很多人请教过算命先生后都认为算命先生说的“很准”。其实，那些求助算命的人本身就有易受暗示的特点。当人的情绪处于低落、失意的时候，对生活失去控制感，于是，安全感也受到影响。一个缺乏安全感的人，心理的依赖性也大大增强，更容易受暗示的影响。加上算命先生善于揣摩人的内心感受，稍微理解求助者的感受，求助者立刻会感到一种精神安慰。算命先生接下来再说一段一般的、无关痛痒的话便会使求助者深信不疑。

爱因斯坦小时候是个十分贪玩的孩子，学习不努力，还自认为比别人都聪明。他的母亲常常为此忧心忡忡。母亲的再三告诫对他来说如同耳边风。直到16岁那年秋天的一天上午，父亲将正要去河边钓鱼的爱因斯坦拦住，并给他讲了一个故事，正是这个故事改变了爱因斯坦的一生。

父亲说：“昨天我和咱们的邻居杰克大叔去清扫南边的一个大烟囱，那烟囱只有踩着里面的钢筋踏梯才能上去。你杰克大叔在前面，我在后面。我们抓着扶手一阶一阶地终于爬上去了，下来时，你杰克大叔依旧走在前面，我还是跟在后面。钻出烟囱，我们发现了一件奇怪的事情：你杰克大叔的后背、脸上全被烟囱里的烟灰蹭黑了，而我身上竟连一点烟灰也没有。”

爱因斯坦的父亲继续微笑着说：“我看见你杰克大叔的模样，心想我一定和他一样，脸脏得像个小丑，于是我就到附近的小河里去洗了又洗。而你杰克大叔呢，他看我钻出烟囱时干干净净的，就以为他也和我一样干干净净的，只草草地洗了洗手就上街了。结果，街上的人都笑破了肚子，还以为你杰克大叔是个疯子呢。”

爱因斯坦听罢，忍不住和父亲一起大笑起来。父亲笑完后，郑重地对他说：“其实别人谁也不能做你的镜子，只有自己才是自己的镜子。拿别人做镜子，白痴或许会把自己照成天才的。”

以人为镜，要根据自己的实际情况，选择条件相当的人做比较，找出自己在群体中的合适位置，这样认识自己，才比较客观。在日常生活中，我们既不可能每时每刻去反省自己，也不可能总把自己放在局外人的地位来观察自己，于是只能借助外界信息来认识自己。正因如此，每个人在认识自我时很容易受外界信息的暗示，迷失在环境当中，并把他人的言行作为自己行动的参照。

在两千年前，古希腊人就把“认识你自己”作为铭文刻在阿波罗神庙的门柱上。然而时至今日，人们不能不遗憾地说，“认识自己”的目标距离我们仍然还很遥远。探索其原因，我们不能不提到心理学上的“巴纳姆规则”。

逃避规则：
最痛苦的事也是人生最重要的财富

逃避规则是指当面对一些给我们带来痛苦的负面事件时，我们本能地采取逃避的态度。

“影子真讨厌！”小猫汤姆和托比都这样想，“我们一定要摆脱它。”然而，无论走到哪里，汤姆和托比发现，只要一出现阳光，它们就会看到令它们抓狂的自己的影子。不过，汤姆和托比最终都找到了各自的解决办法。汤姆的方法是，永远闭着眼睛。托比的办法则是，永远待在其他东西的阴影里。

这个寓言说明，一个小的心理问题是如何变成更大的心理问题的，逃避会毁掉你的人生的。

在生活中，因为痛苦的体验，我们不愿意去面对负面事件。但是，一旦发生过，这样的负面事件就注定要伴随我们一生，我们能做的，最多不过是将它们压抑到潜意识中去，这就是所谓的忘记。但是，它们在潜意识中仍然会一如既往地发挥作用。并且，哪怕我们对事实遗忘得再厉害，这些事实所伴随的痛苦仍然会袭击我们，让我们莫名其妙地伤心难过，而且无法抑制。这种疼痛让我们进一步努力去逃避。

发展到最后，通常的解决办法就是两个：要么，我们像小猫汤姆一样，彻底扭曲自己的体验，对生命中所有重要的负面事实都视而不见；要么，我们像小猫托比一样，干脆放弃努力，把自己的所有事情都搞得非常糟糕，既然一切都那么糟糕，那个让自己最伤心的原始痛苦就不是那么强烈了。

医生说，99% 的吸毒者有过痛苦的遭遇。他们之所以吸毒，是为了让自己逃避这些痛苦。这就像是躲进阴影里，痛苦是一个魔鬼，为了躲避这个魔鬼，干脆把自己卖给更大的魔鬼。还有很多酗酒的人，他们之所以酗酒，是因为他们曾有过一个酗酒而暴虐的老爸，受过老爸的不少折磨。为了忘记这个痛苦，他们学会了同样的逃避。

除了这些错误的方法外，我们还发明了无数种形形色色的方法去逃避痛苦，弗洛伊德将这些方式称为心理防御机制。在人极度痛苦的时候，这些防御机制是必要的，但糟糕的是，如果心理防御机制将事实扭曲得太厉害，它会带出更多的心理问题，譬如强迫症、社交焦虑症、多重人格，甚至精神分裂症等。

真正解决问题的方法只有一个——直面痛苦。直面痛苦的人会从痛苦中得到许多意想不到的收获，这些痛苦最终会变成我们生命的财富。美国心理学家罗杰斯曾是最孤独的人，但当他面对这个事实并化解后，他成了真正的人际关系大师；美国心理学家弗兰克有一个暴虐而酗酒的继父和一个糟糕的母亲，但当他挑战这个事实并最终从心里原谅了父母后，他成了治疗这方面问题的专家；日本心理学家森田正马曾有严重的神经质倾向，但他面对现实最终发明了森田疗法……他们生命中最痛苦的事实最后都变成了他们最重要的财富。

逃避规则告诉我们，无论多么痛苦的事情，你都是逃不掉的。你只去勇敢地面对它，化解它，超越它，最后和它达成和解。如果你自己暂时缺乏力量，你可以寻找帮助，寻找亲友的帮助，或寻找专业的帮助，让你信任的人陪着你一起去面对这些痛苦的事情。

迪斯规则：
把握好现在是最重要的

美国作家迪斯提出：昨天过去了，今天只做今天的事，明天的事暂时不管。关键是要把握好现在。

一位哲学家途经一座城池的废墟，碰到了双面神石雕。哲学家问石雕："你为什么会有两副面孔呢？"双面神回答说："有了两副面孔，我才能一面察看过去，牢牢地记取曾经的教训。另一面又可以瞻望未来，去憧憬无限美好的蓝图啊。"

哲学家说："过去的已经过去了，再也无法留住，而未来又是现在的延续，是你现在无法得到的。你不把现在放在眼里，即使你能对过去了如指掌，对未来洞察先知，又有什么实际意义呢？"双面神听了哲学家的话，不由得沉思半晌说："先生啊，听了你的话，我才明白，我今天落得如此下场的根源。"

哲学家问："为什么？"

双面神说："很久以前，我驻守这座城时，自诩能够一面察看过去，一面又能预见未来，却唯独没有好好地把握住现在，结果，这座城池便被敌人攻陷了，美丽的辉煌成了过眼云烟，我也被人们抛弃在废墟中了。"

生活中，有过许多许多这样的日子：常常对昨天的失败，念念不忘，耿耿于怀；又常常为明天的美丽，意气风发，斗志昂扬。然而，或许你意识不到，就在这埋怨与幻想当中，就在这追悔与盼望当中，我们失去了最宝贵的今天。昨天已经失去了，明天还没有到来，只有今天，才是我们真实拥有的，才能令我们有所作为。

有一个小和尚特别爱冥思苦想、钻研问题，一旦遇到自己搞不懂的问题，就茶不思，饭不想。有一天，他独自在山林中行走，脑子里却琢磨着一个经书上解不开的难题。突然他的鼻端扫过一阵腥风，他一抬头，发现前面的山路上，赫然有一只猛虎，正以迅雷不及掩耳之势向他扑过来。

小和尚大吃一惊，连忙转身拔腿就跑。人在危急的情况下，常常会做出自己都无法想象的事情来，他跑得特别快。那只老虎在后面疯狂地追着，小和尚愈跑愈快，眼看可以逃出猛虎的威胁了，突然迎面出现了一道悬崖。正当他思索着该如何处置眼前的状况时，那只猛虎已经追到了。小和尚没得选择，只能往悬崖下一跳，好在手中稳稳地抓住了悬崖旁边垂下的一条树藤，就这样让自己凌空悬吊在崖边。

祸不单行，小和尚发现在悬崖下是河，竟浮现出一大群的鳄鱼。更糟糕的是，这时候悬崖边不知从哪儿冒出一黑一白两只老鼠，竟不约而同地抓起小和尚手握的那条树藤啃起来！只要老鼠再啃上一会儿，树藤就会断掉，毫无疑问，小和尚也就会因此落入鳄鱼的口中。小和尚望着那两只黑白老鼠，心中恍然大悟：这两只老鼠不就是象征白天与黑夜，不断地在啃食人们生命的剩余时光吗？而那只老虎、鳄鱼，则是过去和未来对人的压迫和恐慌。

在生命即将结束的这一刻，小和尚才终于领悟到：人的一生本来短暂，脆弱，可大多数人都无法专注于“现在”，陷入过去和未来之中若有所思，心不在焉。他们要不就是叹息昨天的失败，杞人忧天；要不就是想着明天、明年的事情，想象着未来的无比辉煌。生命中最重要的，不是回首和张望，而是牢牢抓住现在。

法国亚兰曾经说过："我们的过去不复存在，我们的未来不见踪影；所以我们不必为过去和未来而愁苦，我们只需认真地活在现在。"人生的意义，不过是嗅嗅身旁的一朵朵小花，享受一路走来的点点滴滴而已。毕竟，过去已经成为历史，未来尚不可知。只有现在才是生活赐予我们的最美好的礼物。所以，为什么不抓住现在？

杜根规则：
成功属于有信心的人

杜根规则由美国职业橄榄球联会前主席D·杜根提出的。指的是：强者不一定是胜利者，但胜利迟早都属于有信心的人。

1955年，18岁的吉尔·金蒙特已是全美很有名气的年轻滑雪运动员了，她的照片被用作《体育画报》杂志的封面。她当时的生活目标就是获得奥运会金牌。然而，一场悲剧使她的愿望成了泡影。1955年1月，在奥运会预选赛最后一轮比赛中，金蒙特沿着大雪覆盖的罗斯特利山坡开始下滑，由于当天的雪道特别滑，刚过几秒钟，她的身子一歪就失去了控制，她竭力挣扎着想摆正姿势，可是一个个接连不断的筋斗还是无情地把她推下了山坡。当她终于停下来的时候，已经昏迷了过去。人们立即把她送往医院抢救，虽然最终保住了性命，但她双肩以下的身体却永久性瘫痪了。

金蒙特博得奥运会金牌的理想彻底破灭了，但她面对困厄的斗志却没有被磨灭。几年内，她整日和医院、手术室、理疗及轮椅打交道，病情时好时坏，但她从未放弃过对生活的不断追求。去从事一项有益于公众的事业，来完成未竟的理想，是她在意外发生之后的梦。历尽艰难，她学会了写字、打字、操纵轮椅、用特制汤匙进食。她在加州大学洛杉矶分校选听了几门课程，希望今后能当一名

教师。当她向教育学院提出申请，系主任、学校顾问和保健医生都认为这是天方夜谭，因为她无法上下楼梯走到教室。

1963 年，她终于被华盛顿大学教育学院聘用。由于教学有方，很快受到了学生们的尊敬和爱戴。金蒙特终于获得了教授阅读课的聘任书。后来由于她父亲去世了，全家不得不搬到曾拒绝她当教师的加利福尼亚州去。金蒙特决定向洛杉矶地区的 90 个教学区逐一申请。在申请到第 18 所学校时，已有 3 所学校表示愿意聘用她。学校特意对她要经过的一些坡道进行了改造，以便于她的轮椅通行，另外，学校还破除了教师一定要站着授课的规定。自 1955 年以来，很多年过去了，金蒙特从未得过奥运会的金牌，但她却得到了另一块奖牌——为了表彰她的教学成绩而授予她的。

信心是人的生命支柱，面对人生旅途中的挫折与磨难，我们需要清醒的头脑，更需要有信心。坚定我们的信念，无论是处在事业的顺境还是事业的逆境、是人生波谷还是人生波峰，我们都应该脚踏实地地走好每一步，向着自己的目标迈进。

春秋战国时期，一位将军带着他的儿子出征。父亲虽然已做了将军，但儿子还只是一名普通的兵士。双方交战甚激，又一阵号角吹响，战鼓擂鸣了。将军从行囊中拿出一个箭囊，其中插着一支箭，把它庄严地交给了儿子。父亲郑重对儿子说：“这是世袭宝物，佩戴身边，将会给你带来无穷的力量。但要记住一点，无论任何时候都不能将其抽出来！切记！”

那是一个极其精美的箭囊，用厚牛皮打制，镶着幽幽泛光的铜边儿。露出的箭尾一眼便能看出是用上等的孔雀羽毛制作的。儿子喜上眉梢，感受到了来自箭囊和宝箭的巨大力量，顿时充满了信心。

果然，佩戴箭囊的儿子英勇非凡，所向披靡。当鸣金收兵的号角吹响时，儿子再也禁不住得胜的豪气，完全忘记了父亲的叮嘱，强烈的欲望驱使着他“呼”的一声就拔出宝箭，试图看个究竟，骤然间他惊呆了——一支断箭，箭囊里装着的竟是一支折断的箭。

“原来，我一直挎着这支断箭打仗呢！”儿子吓出了一身冷汗，仿佛顷刻间失去支柱的房子，意志轰然坍塌了。结果可想而知，他惨死于乱军之中。拂开蒙蒙的硝烟，父亲拣起那支断箭，沉重地说道：“唉，不相信自己的意志，永远也做不成将军。”

一个人倘若想征服全世界，那就应该先征服自己。相信自己就是一支箭，若要它坚韧，若要它锋利，若要它百步穿杨，那么磨砺它、拯救它的都只能是自己。

成功的宝塔并非遥不可及，反而是在自己的手里。一个人成就的大小，取决于其自信程度的高低，正如河流的高度永远不会超过它的源头一样，一个人所取得的成就往往不会超出他拥有自信的高度。所以，想取得更高层次的成功，就要具有更高层次的信心。信心有多高，成就就会有多大。

羊群规则：凡事要有自己的判断

羊群规则是指基于其他人的行为来推断某事物的好坏，来决定我们是否仿效。根据社会心理学家的研究发现，产生这种从众心理的最重要的因素是有多少人坚持某一条意见，而非这个意见本身。人数多无疑表达了一种说服力，能在众口一词的情况下仍然坚持自己的不同意见的人非常难得，而且人数是很少的。

在动物世界里，羊群（集体）是一种很散乱的组织，平时在一起也是盲目地左冲右撞。如果一头羊发现了一片肥沃的绿草地，并在那里吃到了新鲜的青草，后来的羊群就会一哄而上，争抢那里的青草，全然不顾旁边虎视眈眈的狼，或者看不到其他地方还有更好的青草。

也许动物世界的故事看起来多少有些可笑，但是人类何尝又不是如此。你走过一家餐馆，看到有两个人在那里排队等候。“这家餐馆一定不错，”你想，“人们在排队呢。”于是你也在后面排上了。又过来一个人。他看到三个人在排队就想，“这家餐馆一定很棒”，于是也加入队列中。又来了一些人，他们也是如此。

还有另一种羊群规则，我们把它称为“自我羊群规则”。这发生在我们基于自己先前的行为而推想某事物好或不好。这主要是说，一旦排到了第一，在以后的经历中我们就会在自己后面排起队来。

回想一下你第一次到星巴克的情形，那可能是几年前的事了。那天下午你出去办事，觉得困倦，想喝点东西提提神。你透过星巴克的窗子朝里看了一眼，走了进去。咖啡的价格吓了你一跳——几年来你一直很幸运，喝的是邓肯甜甜圈店的煮咖啡。不过既然来了，你就感到好奇：这种价格的咖啡到底是什么味道？于是你做出让自己也吃惊的举动：点了一小杯，享受了它的味道和带给你的感受，信步走了出来。

下一周你又经过星巴克，你会再进去吗？理性的决定过程应该是考虑到咖啡的质量（星巴克对比邓肯甜甜圈店）、两处的价格，当然还有再往前走几个街区走到邓肯甜甜圈的成本。也许这种计算过于复杂——于是你采用一种简单的方式：“我已经去过星巴克，我喜欢那里的咖啡，也挺开心，我就到那里吧。”于是你又走进去点了一小杯咖啡。

这样做，实际上你已经排到第二了，排到了你自己的后面。几天以后，你再走进星巴克，这一次，你清楚地记得你前面的决定，又照此办理——好了，你现在排第三了，又排到第二个自己的后面。一周一周过去，你一次一次进星巴克，一次比一次更强烈地感觉到，你这样做是因为自己喜欢。于是到星巴克喝咖啡成了你的习惯。

故事到这里还没有结束。既然你已经习惯了花一点钱喝咖啡，你无意中抬高了自己的消费水平，其他的变化就简单了。或许你会从 2 美元 20 美分的小杯换成 3 美元 50 美分的中杯，再到 4 美元 15 美分的大杯。即使你根本弄不清楚自己是如何进入这一价格等级的，多付点钱换大一点的杯似乎也符合逻辑。星巴克的其他一系列横向排列的品种也是如此，比如美式咖啡、密斯朵牛奶咖啡、焦糖玛奇朵、星冰乐等。

如果停下来把这件事仔细想想，你可能搞不清楚到底是应该把钱花在星巴克的咖啡上，还是应该到邓肯甜甜圈店去喝便宜点的咖啡，甚至在办公室喝免费的。但你已经不再考虑它们之间的比较关系了。此时你自然而然地认为去星巴克花钱正合你意。你已经加入了自我羊群——你在星巴克排队排到了自己以前的经验之后——你已经加入“羊群”了。

但是，这个故事里还有某种奇怪的东西。如果说锚是基于我们的最初决定，那到底星巴克是怎样成为你最初决定的呢？换言之，如果我们从前被锚定在邓肯甜甜圈店，我们是如何把锚转移到星巴克的呢？真正有意思的也就在这里。

霍华德·舒尔茨创建星巴克时，他是个与萨尔瓦多·阿萨尔有同样直觉的生意人。他尽一切努力独树一帜，使星巴克与其他咖啡店不同——不是从价格上看，而是从品位上。从这一点上，他一开始对星巴克的设计就给人一种大陆咖啡屋的印象。

早期的店铺里散发着烤咖啡豆的香味（咖啡豆的质量要优于邓肯甜甜圈店的）。他们销售别致的法式咖啡压榨机。橱窗里摆放着各式诱人的点心——杏仁牛角面包、意大利式饼干、红桑子蛋奶酥皮糕等等。邓肯甜甜圈店有小、中、大杯咖啡，星巴克提供小、中、大和特大杯，还有各种名称高贵华丽的饮料，如美式咖啡、密斯朵牛奶咖啡、焦糖玛奇朵、星冰乐等等。换言之，星巴克不遗余力打造这一切，来营造一种与众不同的体验——这种不同是如此之大，甚至让我们不再用邓肯甜甜圈店的价格作为锚来定位，与此相反，我们会敞开思想接受星巴克为我们准备的新锚。星巴克的成功很大程度上也就在这里。

羊群规则表现了人类共有的一种从众心理。从众心理很容易导致盲从，盲从则往往陷入骗局或遭到失败。在生活上和事业上，对他人的信息不可全信也不可不信，凡事要有自己的判断，才能出奇制胜。

詹森规则：狭路相逢勇者胜

有一名运动员叫詹森，平时训练有素，实力雄厚，但在体育赛场上却连连失利。人们借此把那种平时表现良好，但由于缺乏应有的心理素质而导致竞技场上失败的现象称为詹森规则。

詹森规则在中国的运动员身上也曾经出现过。2004 年雅典奥运会前被寄予夺金厚望的中国男子体操世界冠军李小鹏男子单项比赛中发挥失常，仅获得一枚双杠铜牌。而同样是他，在 2003 年世界体操锦标赛却获得了这个项目的冠军，而且也是 2000 年悉尼奥运会的双杠金牌得主。由此我们不能说他没有夺金的实力，事实上，他在赛后接受采访时也表示，这次发挥失常的主要原因是某些特殊情况给自己带来了较大的压力，心情紧张。

同样是在雅典奥运会上，中国女排以 3∶2 战胜俄罗斯队，赢得了奥运冠军。当中华人民共和国国歌奏响，国旗升起的时候，有多少人为此落泪。这不只是因为我们赢了，更多的是因为在这过程中表现出来的女排精神。事实上，她们起先负于俄罗斯队两局，不能再失局的中国队在第三局并没有出现人们意料中的慌乱，打得依然有板有眼，除了其间出现一次 12 平外，比分更是一路压着对手。

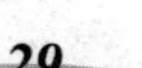

就这样，赢回信心的中国姑娘笑到了最后。由此，我们不得不说是中国女排良好的心理素质赢了。还有乒乓女将邓亚萍，虽然已经隐退，但每每提起她，我们总会想到她在赛场上胜败取决于最后几个球的关键时刻，总能沉着冷静，最终赢得胜利。她自己也曾经说过，其实技术有时是不分上下的，这时靠的就是心理素质。

后羿是夏朝著名的神箭手。他练就了百步穿杨的好本领，立射、跪射、骑射样样精通，几乎从来没有失过手。夏王听说了这位神射手的本领，十分欣赏他。有一天，夏王想把后羿召入宫中来，看看他那炉火纯青的射技。夏王命人把后羿带到御花园里找了个开阔地带，叫人拿来了一块一尺见方，靶心直径大约一寸的兽皮箭靶，用手指着说："这个箭靶就是你的目标。如果射中了的话，我就赏赐给你黄金万镒；如果射不中，那就要削减你一千户的封地。"

后羿听了夏王的话，一言不发，面色变得凝重起来。看着一尺见方的靶心，想着即将到手的万两黄金或即将失去的千户封邑，心潮起伏，难以平静，平素不在话下的靶心变得格外遥远，他的脚步显得相当沉重。他慢慢走到离箭靶一百步的地方，然后取出一支箭搭上弓弦，摆好姿势拉开弓开始瞄准。

想到自己这一箭出去可能发生的结果，后羿的呼吸变得急促起来，拉弓的手也微微发抖，瞄了几次都没有把箭射出去。最后，后羿一咬牙松开了弦，箭应声而出，"啪"地一下钉在离靶心足有几寸远的地方。后羿脸色一下子白了，他再次弯弓搭箭，精神却更加不集中了，射出的箭也偏得更加离谱。

后羿收拾弓箭，悻悻地离开了王宫。夏王在失望的同时掩饰不住心头的疑惑，就问道："后羿平时射起箭来百发百中，为什么今天大失水准呢？"有一位一直在旁边观察的大臣解释说："后羿平日射箭，不过是一般练习，在一颗平常心之下，水平自然可以正常发挥。可是今天他射出的箭直接关系到他的切身利益，根本无法静下心来施展技术，又怎么能射得好呢？"

本来稳操胜券的后羿，因为心理负担过重而大失水准，最终黯然离场。他的悲剧有各种各样的解释，但是我们从心理学上分析，可以归因于詹森规则。要走出“詹森规则”的怪圈，必须主动去克服对失败的恐惧。要做到这一点，根本的方法是保持一颗平常心。

天下万物生于有，有生于无，成生于败，败止于成。对任何事情的得与失、成与败都要辩证地看，走出狭隘的患得患失的阴影，不贪求成功，只求正常地发挥自己的水平。有位年轻人在岸边钓鱼，邻旁坐着一位老人，也在钓鱼。二人坐得很近。奇怪的是，老人家不停有鱼上钩，而年轻人一整天都未有收获。他终于沉不住气，问老人：“我们两人的钓饵相同，地方一样，为何你能轻易钓到鱼，我却一无所获。”

老人从容答道：“我钓鱼的时候，只知道有我，不知道有鱼；我不但手不动，眼不眨，连心也似乎静得没有跳动，使鱼也不知道我的存在，所以，它们咬我的鱼饵。而你心里只想着鱼吃你的饵没有，连眼也不停地盯着鱼，见有鱼上钩，心有急躁，情绪不断变化，心情烦乱不安，鱼不让你吓走才怪，又怎会钓到鱼呢？”

一个人的进取心太强，对某个事物刻意追逐，目标就像蝴蝶一样振翅飞远。而平常心可以使人心绪宁静、处变不惊，更易达成目标，而且平常心也可产生情感自慰，使人的生活更加和谐平衡。但是很多人会说，我生活的环境不允许我保持平常心，又该怎么办呢？如果是这样的话，那么就只能退而求其次，主动参与每一次竞争，不断地对人生旅程中所出现的“压力”和“障碍”加以适应。适应是一个过程，可以在一次次的磨砺中实现从量到质的飞跃，从而提高对外界压力的承受能力。

人生道路上有风有雨，有阴有晴。平心静气地走出狭隘的患得患失的阴影，“狭路相逢勇者胜”，只要树立自信心，一分耕耘必定有一分收获，最终定会为人生交付满意的答卷。

视网膜规则：首先要善待自己

视网膜规则就是当我们自己拥有一件东西或一项特征时，就会比平常人更会注意到别人是否跟我们一样具备这种特征。

小李是一个喜欢标新立异的人，在作出买车决定后，经过认真调查决定买一部墨绿色的中型轿车。因为小李认为：一般人的车都买白色或黑色，而自己的墨绿色的选择很独特，而且又很有品位。正在为自己能买到一部与众不同的车而沾沾自喜时，小李突然发现，不论是在高速公路上、小巷子里，甚至于停车场中，都看到许多与自己的车同型，而且是墨绿色的轿车。

小李觉得很奇怪，为什么大家突然间都开始买墨绿色的车，于是就把自己的观察拿来与同事们分享。有一位女同事当时正好怀孕，听小李讲完后就说："我倒是没有看到很多墨绿色的车。可是最近我发现，无论在哪里都会看到孕妇。我记得上个星期天在逛百货公司时，短短两小时就看到 6 个孕妇，最近的人口出生率是不是有提高呢？"其他人异口同声地说没发现孕妇有增加的现象，她看到那么多大概是很凑巧。

卡耐基先生很久以前就提出一个论点，那就是每个人的特质中大约有 80% 是长处或优点，而 20% 左右是我们的缺点。当一个人只知道自己的缺点是什么，而不知发掘优点时，“视网膜规则”就会促使这个人发现他身边也有许多人拥有类似的缺点，进而使他人际关系无法改善，生活也不会快乐。

你有没有发现那些常常骂别人很凶的仁兄，自己就是一位脾气很坏的人？这就是“视网膜规则”的影响力。在“视网膜规则”的运作下，一个看到自己优点的人，才有能力看到他人可取之处。而能用积极的态度看待他人，往往是搞好人际关系的必备条件。

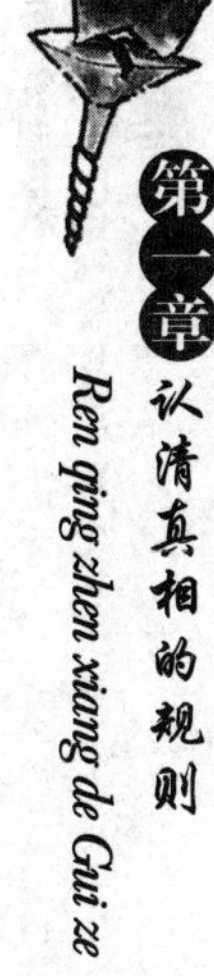

踢猫规则：先反省自己的错误

踢猫规则描绘的是一种典型的坏情绪的传染。人的不满情绪和糟糕的心情，一般会随着社会关系链条依次传递，由地位高的传向地位低的，由强者传向弱者，无处发泄的最弱小的便成了最终的牺牲品。其实这是一种心理疾病的传染。

员工挨了老板的骂，心里很生气，回家就跟妻子吵了一架。妻子觉得莫名其妙很窝火，正好儿子回家晚了，就给了儿子一耳光；儿子没处撒气，看见家里的猫就狠狠踢了它一脚。猫跑到街上，正好一辆卡车开过来，司机为了避让突然出现的猫，却把路边的孩子撞伤了，一件小事最后酿成大祸。这就是著名的“踢猫规则”。

“进门前，请脱去烦恼；回家时，带快乐回来。”一位家庭主妇在她的房门上挂了这么一方木牌。在她的家中，男主人一团和气，孩子大方有礼，一种温馨、和谐的气氛满满地充盈整个空间。询问那块木牌，女主人笑笑，解释说：“有一次我在电梯镜子里看到一张疲惫的脸，一副紧锁的眉头，忧愁的眼睛……把我自己吓了一大跳。于是，我开始想，孩子、丈夫看到这副愁眉苦脸时，会有什么感觉？假如我对面也是这副面孔，又会有什么反应？接着我想到孩子在餐桌上的沉默、丈夫的冷淡，这些在我原来认为是他们不对的事实背后，隐藏的真正原因竟是我！当晚我便和丈夫长谈，第二天就写了一块木牌钉在门上提醒自己。结果，被提醒的不只是我自己，而是一家人……”主妇不经意间的一句平白朴实的话，让原本死气沉沉的家庭又焕发出生机。如果我们稍稍用心，把这种豁达和体恤用于生活、工作的各个方面，“踢猫”这条恶劣的传递链就能被截断了。

生活中，我们每一个人不可能永远不犯错误。犯了错误之后有一人能及时地提出批评意见，这是犯错误者的福气。如果没有人及时地提出来，我们也许就不知道自己犯了错误。因此，就会在错误的道路上越走越远，甚至毁了自己的一切。有人提出了批评，不管我们接不接受，至少批评让我们知道了自己犯了错误，会使我们引起警觉。只要我们注意，那么，我们在今后的生活里就会少犯或不犯同样的错误。其实，批评，在我们日常的工作、学习、生活里是少不了的，亲朋之间、同事之间、上下级之间，都需要有相互的批评指正。我们生活在一个诱惑多的社会，一失足就会成千古恨。批评能让我们警钟长鸣，即使批评错了也能让我们未雨绸缪，防患于未然，因此，我们无须因为受了批评而生气。批评是生活中我们每个人都会遇到的，我们应该善待批评。

在现实的生活里，我们很容易发现，许多人在受到批评之后，不是冷静下来想想自己为什么会受批评，而是心里面很不舒服，总想找人发泄心中的怨气。其实这是一种没有接受批评、没有正确地认识自己的错误的一种表现。受到批评，心情不好这可以理解。但批评之后产生了“踢猫规则”，这不仅于事无补，反而容易激发更大的矛盾。

野马规则：
恐惧和焦虑可以起到和死神一样的作用

野马规则是指：人们的恐惧、焦虑、抑郁、嫉妒、敌意、冲动等负面情绪，是一种破坏性的情感，长期被这些心理问题困扰就会导致身心疾病的发生。

在非洲草原上，有一种不起眼的动物叫吸血蝙蝠。它身体极小，却是野马的天敌。这种蝙蝠靠吸动物的血生存，它在攻击野马时，常附在马腿上，用锋利的牙齿极敏捷地刺破野马的腿，然后用尖尖的嘴吸血。

野马受到这种外来的挑战和攻击后，马上开始蹦跳、狂奔，但怎么也无法驱逐这种蝙蝠。蝙蝠在野马身上丝毫不受影响，直到吸饱喝足，才满意地飞去。而野马常常在暴怒、狂奔、流血中无可奈何地死去。

动物学家在分析这一问题时，一致认为吸血蝙蝠所吸的血量是微不足道的，远不会让野马死去，野马的死亡是它自己的狂奔所致。对于野马来说，蝙蝠吸血只是一种外界的挑战，是一种外因，而野马对这一外因的剧烈情绪反应，才是导致死亡的真正原因。

古代阿拉伯学者阿维森纳，曾把一胎所生的两只羊羔置于不同的外界环境中生活：一只小羊羔随羊群在水草地快乐地生活；而在另一只羊羔旁拴了一只狼，它总是受到自己面前那只野兽的威胁，在极度惊恐的状态下，根本吃不下东西，不久就因恐慌而死去。

后来，心理学家还用狗做嫉妒情绪实验：把一只饥饿的狗关在一个铁笼子里，让笼子外面另一只狗当着它的面吃肉骨头，笼内的狗在急躁、气愤和嫉妒的负面情绪状态下，产生了严重的病态反应。

一天早晨，有一位智者看到死神向一座城市走去，于是上前问道："你要去做什么？"

死神回答说："我要到前方那个城市里去带走100个人。"

那个智者说："这太可怕了！"

死神说："但这就是我的工作，我必须这么做。"

这个智者告别死神，并抢在它前面跑到那座城市里，提醒所遇到的每一个人：请大家小心，死神即将来带走100个人。

第二天早上，他在城外又遇到到了死神，带着不满的口气问道："昨天你告诉我你要从这儿带走100个人，可是为什么有1000个人死了？"

死神看了看智者，平静地回答说："我从来不超量工作，而且也确实准备按昨天告诉你的那样去做，只带走100个人。可是恐惧和焦虑带走了其他人。"

恐惧和焦虑可以起到和死神一样的作用。实际上，在我们的生活中，这样的事情每天都在发生，只不过我们已经习以为常。

在生活中我们难免会遇到不顺心的事，如不能宽容待之，一时情绪失常，甚至暴跳如雷，大发脾气，会严重危害自身健康。动辄生气的人很难健康、长寿，很多人其实是"气死的"。不要因芝麻小事而大动肝火，以致因别人的过失而伤害自己，造成"野马结局"。

动机规则：
不要只为奖励而努力

人的动机分两种：内部动机和外部动机。如果按照内部动机去行动，我们就是自己的主人。如果驱使我们行动的是外部动机，我们就会被外部因素所左右，成为它的奴隶。

一群孩子在一位老人家门前嬉闹，叫声连天。几天过去，老人难以忍受。于是，他出来给了每个孩子 25 美分，对他们说：“你们让这儿变得很热闹，我觉得自己年轻了不少，这点钱表示谢意。”

孩子们很高兴，第二天仍然来了，一如既往地嬉闹。老人再出来，给了每个孩子 15 美分。他解释说，自己没有收入，只能少给一些。15 美分也还可以吧，孩子仍然兴高采烈地走了。

第三天，老人只给了每个孩子 5 美分。孩子们勃然大怒：“一天才 5 美分，知不知道我们多辛苦！”他们向老人发誓，他们再也不会为他玩了！

在这个故事中，老人的算计很简单，他将孩子们的内部动机“为自己快乐而玩”变成了外部动机“为得到美分而玩”，而他操纵着美分这个外部因素，所以也操纵了孩子们的行为。寓言中的老人，像不像是你的老板、上司？而美分，像不像是你的工资、奖金等各种各样的外部奖励？

如将外部评价当做参考坐标，我们的情绪就很容易出现波动。因为，我们控制不了外部因素，它很容易偏离我们的内部期望，让我们不满，让我们牢骚满腹。不满和牢骚等负面情绪让我们痛苦，为了减少痛苦，我们就只好降低内部期望，最常见的方法就是减少工作的努力程度。

一个人之所以会形成外部评价体系，最主要的原因是父母喜欢控制他。父母太喜欢使用口头奖惩、物质奖惩等控制孩子，而不去理会孩子自己的动机。久而久之，孩子就忘记了自己的原初动机，做什么都很在乎外部的评价。上学时，他忘记了学习的原初动机——好奇心和学习的快乐；工作后，他又忘记了工作的原初动机——成长的快乐，上司的评价和收入的起伏成了他工作的最大快乐和痛苦的源头。

外部评价系统经常是一种家族遗传，但你完全可以打破它，从现在开始培育自己的内部评价体系，让学习和工作变成“为自己而努力”。

第二章

说话办事的规则

说话办事要讲究一定的技巧，才能达到事半功倍的效果。说话办事更要讲求规则，在规则中以不变应万变，才能让说者所向披靡，听者心悦诚服，这样办起事来才能无所不能，无往不胜。

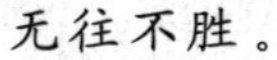

保龄球规则：
诚于嘉许，宽于称道

保龄球规则是指积极鼓励和消极鼓励之间具有不对称性。积极的鼓励所起的作用会大大超过消极的批评。

保龄球规则：两名保龄球教练分别训练各自的队员。他们的队员都是一球打倒了7只瓶。教练甲对自己的队员说："很好！打倒了7只。"他的队员听了教练的赞扬很受鼓舞，心里想，下次一定再加把劲，把剩下的3只也打倒。而教练乙则对他的队员说："怎么搞的！还有3只没打倒。"队员听到教练斥责，心里很不服气，暗想，你怎么就看不见我已经打倒的另外7只呢。结果，教练甲训练的队员成绩在不断地上升，而教练乙训练的队员却打得一次不如一次。

心理学家研究证明，积极鼓励和消极鼓励（主要指制裁）之间具有不对称性。受过处罚的人不会只是简单地减少做坏事的心思，充其量，不过是学会了如何去逃避处罚而已。常常有这样的议论："干工作越多错误越多。"潜台词就是：为了避免错误，最好的办法是"避免"工作。这是批评、处罚等"消极鼓励"造成的后果。而积极鼓励则是一项开发宝藏的工作。受到积极鼓励的人身上的一个闪光点会逐渐放大而成为耀眼的光辉，同时还会"挤掉"不良行为。

戴尔·卡耐基的《人性的弱点》中有这样的话：美国钢铁大王安德鲁·卡耐基选拔的第一任总裁查尔斯·史考伯说："我认为，我能够使员工鼓舞起来的能力，是我所拥有的最大资产。而使一个人发挥最大能力的方法，是赞赏和鼓励"。"再也没有比上司的批评更能抹杀一个人的雄心。我赞成鼓励别人工作。因此我乐于称赞，而讨厌挑错。如果我喜欢什么的话，就是我诚于嘉许，宽于称道。"史考伯说："我在世界各地见到过许多大人物，还没有发现任何人——不论他多么伟大，地位多么崇高，在被批评的情况下，比在被赞许的情况下工作成绩更佳、更卖力气的。"史考伯的信条同安德鲁·卡耐基如出一辙。卡耐基甚至在他的墓碑上也不忘称赞他的下属，他为自己撰写的碑文是："这里躺着的是一个知道怎样跟那些比他更聪明的属下相处的人。"

希望得到他人的肯定、赞赏，是每个人的正常心理需求。而面对指责的时候，不自觉地为自己辩护，也是正常的心理防卫机制。在生活和工作中，要多用保龄球规则，凡事你就会顺利得多。

墨菲规则：
上的山多终遇虎

墨菲规则是由一个名叫墨菲的美国上尉提出的。他认为自己的某个同事是个倒霉蛋，于是在不经意间说了句笑话：“如果一件事情有可能被弄糟，让他去做的话一定就会弄糟。”这一句话后来被延伸拓展，最后演绎出其他的表达形式，比方说：“如果坏事有可能发生，不管这种可能性多么小，它总会发生，并会引起最大的损失”，“会出错的，终将会出错”，等等。

根据墨菲规则可以推出四条结论：

★任何事情都没有表面看起来那么简单；

★会出错的事情总会出错；

★如果你担心某种情况发生，那么它就会更有可能发生；

★所有的事情做起来都会比你预计的时间长。

民间俗语所说，“上的山多终遇虎”“祸不单行”等等，其实就是“墨菲规则”说的道理。当你赶着去参加重要会议的时候，却发现出租车不是有客就是不搭理你； 可是平常不需要出租车的时候，大街上到处都跑着空车。一个月之前不小心把浴室的镜子打碎了，在仔细检查和冲刷之后仍然不敢光着脚走路，当过了很久认为没有危险了，光着脚走，不幸的事最终还是发生了——被碎玻璃扎了脚。

其实，人们也不要过于担心，避免墨菲规则是有办法的，关键是要做到以下三点：

★至少要用 3 种方法或者找 3 个人去检查、测试你的工作，确定工作没有差错。

★至少想出 3 个可能发生的意外，然后制定这 3 个意外发生时的应对方案。

★至少有 3 个方案来考虑失败后的补救方法。

总之，对抗墨菲规则要用多方案策略。即在你做非常重要的事情时，要多想一些方法，保证自己的工作没有严重失误，就是有失误也可以尽快补救。

2003 年，美国的哥伦比亚号航天飞机在就要返回地面的时候，发生了不幸——在美国得克萨斯州中部地区的上空解体，机上 6 名美国宇航员以及首位进入太空的以色列宇航员拉蒙遇难。哥伦比亚号航天飞机失事这件事便印证了墨菲规则所诠释的内容。如此复杂的系统是一定要出事的，不是今天，就是明天，合情合理。当发生一次事故之后，人们总是要积极地寻找事故发生的原因，目的是为了防止下一次事故。要是从此放弃航天事业，或者听任下一次事故再次发生，这都不是一个能够接受的结果。人类永远都不可能变成神仙，当你妄自尊大的时候，墨菲规则就会现身，让你明白什么叫厉害；相反，如果你能及时地承认自己的无知，墨菲规则会帮助你把事情做得更加严密。

墨菲规则告诉我们，容易犯错误是人类与生俱来的弱点，不论科技多发达，事故都会发生。而且我们解决问题的手段越高明，面临的麻烦就越严重。所以，我们在事前应该尽可能想得周到、全面一些，如果真的发生不幸或者损失，那就笑着应对吧，关键在于总结所犯的错误，而不是企图掩盖它。

印刻规则：宁做鸡头，不做凤尾

人类对任何堪称“第一”的事物都具有天生的兴趣并有着极强的记忆能力。不经意地你就能列出许许多多的第一，如世界第一高峰，中国第一个皇帝，美国第一个总统，第一个登上月球的人等等，可是紧随其后的第二呢？你可能就说不上几个。人们几乎只承认第一，无视第二。这就是印刻规则。

1910年，德国行为学家海因罗特在实验中发现一个十分有趣的现象：刚刚破壳而出的小鹅，会本能地跟随在它第一眼见到的“自己的母亲”后面。但是，如果它第一眼见到的不是自己的母亲，而是其他活动物体，如一只狗、一只猫或者一只玩具鹅，它也会自动地跟随其后。尤为重要的是，一旦这只小鹅形成了某个物体的跟随反应后，它就不可能再形成对其他物体的跟随反应了。这种跟随反应的形成是不可逆的，也就是说小鹅承认第一，却无视第二。这种行为后来被另一位德国行为学家洛伦兹称之为“印刻规则”。

“印刻规则”现象，不仅存在于低等动物之中，而且同样存在于人类社会中。比如，婴儿对电视就能产生一种负面的印刻规则。一个婴儿在耳朵基本上能听到声音、眼睛也能看见东西的情况下，如果每天给婴儿看五六个小时的电视，那么到了两三岁的时候，孩子通常会有以下的表现：喜欢电视中的音乐，对母亲声音的反应迟钝，不能专心注视母亲的视线，无法安静，对事物不敏感，等等。即使母亲给孩子耐心地讲或唱，孩子也会兴致索然，无动于衷。这些表现，说明孩子已经对电视产生了“印刻规则”。如果不及时地纠正，就很容易出现更加严重的心理障碍。

美国管理大师杰克·韦尔奇就深谙“印刻规则”之道，并将之生活再现于企业经营之中。韦尔奇在上任的第一次年会上，就提出了“要做第一，只要不是第一，第二的部门就关门！”他还告诉员工：你愿意在第一流的公司工作，还是在不入流的公司鬼混？他宁可把这些失去竞争力的部门卖给对手，也不愿意留在通用公司苟延残喘。对于韦尔奇来说，通用电气要是不能做第一或者第二，还不如让员工选择到其他第一、第二的公司工作。由于韦尔奇坚定的领导信念，通用电气在20世纪最后20年里，在世界经济不景气的严峻形势下，成为美国最成功的企业。

有人计算过，在市场上最先进入消费者心里的商品品牌，比第二位的品牌同期市场占有率要多一倍以上，而第二位的占有率又比第三位多一倍以上，显然“第一”所建立的地位具有巨大的优势。

脑白金总裁史玉柱曾多次在营销会议上强调的“史玉柱营销法则”的第一法则就是“做一个产品必须要做第一品牌，否则很难长久，很难做得好，不做第一就不能真正获得成功”。为了当第一，脑白金在送礼广告上投入巨额广告费。所以每到过年过节，脑白金的“收礼只收脑白金”就会看得电视观众反胃。因为播出太多，又总是简单重复，令人很反感，曾被公认为最缺乏创意的恶俗广告之首，但它却是推动销售最好的广告，留给人的印象特别深刻，很多人因此记住了脑白金。虽然每闻广告必皱眉头，但当自己购买保健礼品时，消费者不自觉地就会想起“今年过节不收礼，收礼只收脑白金”。脑白金以礼品定位稳居保健品头把交椅，在春节、中秋等送礼旺季尤为火爆，成为“第一个让小鹅看到的保健品”。

宁做鸡头，不做凤尾。活在别人的阴影下，不如去另辟天地。当然这要看个人的能力而定，你如果没有强烈的开拓能力或仍处于学步阶段，那就跟在别人屁股后边吧，至少风险小些。

弗洛伊德口误规则：瞬间读懂你周围的人

所谓“弗洛伊德口误规则”，是由精神分析学鼻祖弗洛伊德提出的，这是一个著名的心理学理论。在弗洛伊德看来，人的精神世界好比是一座冰山，清醒意识其实只占有其中浮出水面的那一小部分，而在水面底下隐藏的大部分都是潜意识，潜意识里面的任何冲突和纠葛都会给清醒意识带来不同程度的影响。口误就是潜意识改头换面的表现，口误的内容往往是内心深处真实想法的反映和写照。

生活中，我们经常会在无意中说错话，这些错话都被称为“口误”。其实口误原本只是琐屑的过失的表现形式，而弗洛伊德却对此非常感兴趣，并将口误做为一个重要的研究对象纳入他的潜意识理论当中。说错名字是一种常见的口误，弗洛伊德对此类口误的解释是：用一个名字替代另一个名字，错误地说出了另一个人的名字，这些都表明了人们存在一种情感，而由于种种原因，人们在当时的情况下又不能完全将这种情感表现出来。

在心理学家和他人沟通的过程中，人们往往喜欢创造一种舒适的氛围，让那些与自己沟通的人感觉安逸，放松心理警戒，公开、诚实地表达出自己的想法。在这种情况下，如果让一个人自由地谈论自己，我们会发现之前不管他的心理戒备是多么强烈，最终肯定会在某个时刻释放出自己的潜意识，脱口而出真实的想法。比如说，一个人说他今天跟着母亲去逛街了，而事实上，他是跟自己的女朋友去逛街了，这就有可能说明，这个人对母亲有某种超越了亲情的心理依恋。

喜欢《老友记》的朋友一定会记得这样一个情节：Ross 和 Emily 在伦敦一个教堂举行婚礼，在悠扬的英格兰乐曲中，Emily 跟着牧师宣誓："我，Emily，将把 Ross 当成我的合法丈夫，无论贫穷与富有，健康与疾病，都将厮守一生！"轮到 Ross 宣誓："我，Ross，将把 Rachel——"在场亲友顿时大惊失色——Ross 居然把 Emily 的名字错说成原来的恋人 Rachel！如果弗洛伊德老人家在场，一定露出会心的微笑：Ross 你内心深处依然爱着 Rachel！你的口误完全是你潜意识里的冲突思维流露！

有这样一个故事，有一位房地产销售代表带着一对夫妇去看房。这个房子本身的状态并不是很好，但是当他们在房前停下来的时候，那位女士的视线很快被房子后院的一颗正在开花的樱桃树所吸引。她立刻对丈夫说："看那棵开花的樱桃树！当我还是小女孩的时候，我家后院也有一棵，当它开花的时候也像现在这样美丽。我从小就喜欢住在一幢有樱桃树的院子里。"她对自己丈夫感慨时所透露出的信息，立刻被这位销售人员准确地捕捉了。这位销售人员非常清楚，女主人在买房子的时候决定权有多大，所以他决定把主要的精力都集中在这位女士身上。当男主人就厨房太小、卧室朝向不好对房子提出异议的时候，销售人员都找到了一个非常好的侧面应对责难的方法，就是承认问题所在，但是明确向女主人传达一个信息：这里"厨房是小了点，卧室的确朝向不是很好，但是不管你在厨房做饭也好，在卧室休息也好，你都可以从你面前的窗户看到那棵美丽的开花的樱桃树"。最后，这棵樱桃树甚至成了这个销售代表阐述房子设计时的核心创意的最好依托：为了展示这棵美丽的樱桃树，房子在设计上不可避免地会出现这些小问题。最后，这位钟情于樱桃树的女士，不再考虑任何问题，做出了购买决定。交易成功的原因是这个销售人员非常成功地利用了他准确捕捉到的对方潜意识里的主观倾向性意图。

人的潜意识所带来的意图虽然可以掩饰，但总会从某些方面暴露出来，只要消除人的防范意识或人为地制造一些情感压力，往往可以直接或间接了解到所要探询的信息。

白德巴规则：能管住自己的舌头是最好的美德

白德巴规则是由印度古代哲学家白德巴提出的，指的是人们最好的美德就是能管住自己的舌头。当然，善于约束自己嘴巴的人，会在行动上得到最大的自由。

一只见识广阔、满腹经纶、在社会上颇有地位的狐狸住在一个森林里，它熟读理论，常常以专家自居，喜欢滔滔不绝地发表长篇大论。

一天，这只狐狸外出的时候，遇上一只从森林外边来的小花猫。在笑闹趣谈中，小花猫被狐狸的学问征服了，非常仰慕“才高八斗”的狐狸，因此便虚心请教。

小花猫问道：“尊敬的狐狸先生，最近的生活困难，您是怎样度过的？”

狐狸生气地说：“什么？你这只可怜的花猫，每天只会捉老鼠，你有什么资格问我如何生活！真不识抬举！你学过什么本领？说来听听！”

小花猫很谦虚地说：“我只学过并学会一种本事。”

“什么本事？”

“现在如果有只狼狗向我扑来，我就会跳到树上逃生。”

狐狸很不屑地说："唉，这算是什么本领啊？我可是精读百科全书，掌握上百种武术，我身边还有满袋的锦囊妙计呢！你太可怜了！让我教你点绝招，逃脱狼狗的追逐吧！"说着狐狸就想从口袋中寻找锦囊妙计。

这时一群猎人恰巧路过，带了四只猎狗迎面而来。小花猫敏捷地一纵身跳上一棵树，躲藏在茂密的树叶中。小花猫大声向正在惊慌得不知所措的狐狸说："狐狸先生，赶快解开你的锦囊，拿出脱身妙计来！"话音刚落，四只猎狗已扑向狐狸，抓住了它。

小花猫叹息道："唉，狐狸先生，十八般武艺你都有，却不会使一招半式，如果像我一样懂得爬上树来，你就不会落到这种凄凉的下场了！"

著名的企业家松下幸之助提出，善于欣赏别人的所作所为的人是高明的，他们懂得管好自己的舌头，而不是去挑剔、斥责下属的缺点。

松下幸之助说："经营者或经营干部，绝不能自炫才能智慧，要知道个人的才能、智慧是有限度的。根据我多年的经验，有些人喜欢赞扬部属的优点，有些人喜欢挑剔缺点，比较之下，往往前者的工作推行都较顺利，业绩也不会太差。那些爱挑剔毛病的上司结果正好相反。所以唯有懂得欣赏别人的长处，才能领导更多的人。当然，我不是说只注意部属的优点，而忽略他的缺点。应该适度地指出其缺点，从四分缺点、六分优点的角度去观察，这样才是一个懂得欣赏部属的上司。应该假定每个人都有60%的优点，40%的缺点。如果反过来，假定部下有60%的缺点，而只有40%的优点，这个人显然不是个好上司。起用某个人，只有充分信任他的时候，他才会一心一意为企业卖命。如果总觉得员工这里不行，那里不行，以鸡蛋里挑骨头的态度来观察部属，不但部属不好做事，久而久之，他会发现周围没有一个可用的人了。所以，当他想要派任务时，一定觉得不放心而犹豫不决。"

松下电器有一个传统就是不唯命是从。松下说：“员工不应该因为上级命令了，或希望大家如何做，就盲目附和，唯命是从。”他认为，下属或员工完全这样做了，就会使公司的经营失去弹性。

作为团队领导者，管好自己的嘴和手，少插话，少插手，适时控制自己发表演说和多管“闲事”的欲望，这样才能让下属有更多参与的机会和发挥的空间。

黄金分割规则：
无处不在，无处不有

经过专家学者数百年的研究发现，建筑、结构力学、工程、美术、音乐，甚至很多大自然事物等，都与0.618这个比值和另一个相对的比值0.382这两个神秘的数值有关。而0.618和0.382这两个神秘的数字相加之和正好是1，所以这个规律被称为黄金分割率或黄金切割率。当建筑物、窗户、相框、书籍等长、宽比例接近黄金分割率的时候，看上去最美也最舒服。

黄金分割率也被称为黄金切割率，关于它的起源有两种说法：一种认为首先提出它的人是古希腊雅典学派第三大算学家欧道克萨斯。他提出，把一条线段AB(ACB)在0.618(C点)的地方截开两段，AC:AB=CB:AC，C点就是黄金分割点。另一种说法则认为提出者是古代希腊哲学家、数学家毕达哥拉斯。传说他有一天正在街上走，听到铁匠铺中铁匠打铁的声音特别有规律，于是他便用数理的方式把此规律记录下来，经计算，数字间的比例竟神奇近似。这两种说法，所提出的人物不同，但实质意义无异，都是数字的比例。

另外还有一种说法，说是在15世纪，法兰克教士路卡·巴乔里发现，埃及金字塔之所以千年屹立不倒，是因为金字塔的高和基座各边比例是 5:8(0.625)。于是，这位教士有感于这个神秘比值的奥妙与价值，最后使用了黄金一词，把描述这一比值的书籍命名为黄金分割。

黄金分割率是一个神奇的规则，例如，如果一个人从肚脐到脚的长度是身高的 0.618，那么这个比例的身材是最匀称最协调的。很多人以为在舞台中央是最美的，其实不然，舞台上的报幕员站在黄金分割点最美，传出的声音也最和谐柔美。

黄金分割率应用于世界上许多重大事件和著名建筑。例如拿破仑在进入莫斯科三个月后撤退的时间；第二次世界大战期间，斯大林格勒保卫战中，德国久攻不下的撤退时间。这些时间都在黄金分割点上。在此之后，无论是拿破仑还是法西斯德国都盛极而衰。海湾战争时，多国部队从空中摧毁了伊拉克百分之四十左右的军事力量(军事力量消耗临界点)后，在地面只用了几百人进攻，就轻易占领了整个伊拉克。成吉思汗纵横南北，五排骑兵阵形中，人盔马甲重骑兵和快捷灵活的轻骑兵比例为 2:3，这完全是黄金分割率规则的比例。秦陵兵马俑方阵也充分地应用了黄金分割率规则。古希腊帕特农神庙、法国巴黎圣母院、埃及金字塔等建筑比例，也都充分利用了黄金分割比例。

现实生活中，利用黄金分割规则对股市进行预测分析，不仅能比较准确预测股指或股价上涨或下跌幅度，还能测定出股指或股价上升过程中的阻力位置(压力位)，以及下跌过程中的支撑位。这为我们持股待涨到达什么样的高位抛售，或空仓看跌到什么位置进场抄底，提高投资盈利，提供了非常有力的依据。

比如上证综合指数从 1000 点开始上涨，通常上涨到 1382 点左右(0.382 处)就会有一定程度的回调，最大跌幅大约是上涨幅度的 38%。然后又上涨，到 1618 点左右，就是黄金分割 0.618 附近，就会出现比较大幅度的回调，下跌幅度一般最小 0.382，最大 0.618。

我们可以按照这个规律来决定卖出或是买进股票，争取最大的盈利和最大限度地回避下跌风险。

这个规则十分神奇，数学上又十分简单。它无处不在，无处不有。

黄金分割率规则无处不在，这个规则可以让我们及早预见和发现一些事物的发展趋势或转折点，做到未雨绸缪，把事情做得接近最好和完美。但切记，应用这一规则不要形而上学，一点不差地套用。事实上它是一个近似值，是一个范围，只是这个范围比较精确而已。

肥皂水规则：
将批评夹在赞美中

肥皂水规则是指将批评夹在赞美中。在批评他人的时候，不妨把批评夹裹在前后肯定的话语之中，减少批评的负面效应，这样会使被批评者愉快地接受你的专比评。以赞美的形式巧妙地取代批评，以看似简捷的方式达到直接的目的。

这一规则是美国总统柯立芝提出的。1923 年，柯立芝当选为美国总统，他有一位漂亮的女秘书，人虽然长得很好，但工作却经常因粗心而出错。一天早晨，柯立芝看见秘书走进办公室，就对她说：“今天你穿的这身衣服真漂亮，正适合你这样漂亮的小姐。”这句话出自柯立芝口中，简直让女秘书受宠若惊。柯立芝接着说：“但也不要骄傲，我相信你同样能把公文处理得像你一样漂亮的。”果然从那天开始，女秘书在处理公文时就很少出错了。

肥皂水规则在生活中运用得很普遍，例如，在理发店你会发现刮胡子的时候用肥皂水，或者刮胡子专用的泡沫，为什么呢？细想一下，如果不用肥皂水，想必胡子很难刮下来，也很疼。再如：戒指卡在手指上，如果擦点润肤膏或者用香皂揉出泡沫，戒指一下子就能摘掉了。同样，如果一个人很难沟通，先给他戴个高帽子，再与之沟通就顺多了。

麦金利在 1856 年竞选总统时所采用的方法，就运用了这项原理。共和党一位重要党员，绞尽脑汁，撰写了一篇演讲稿，他觉得自己写得非常成功。他很高兴的在麦金利面前，先把这篇演讲稿朗诵了一遍——他认为这是他的不朽之作。麦金利听了以后认为这篇演讲稿虽然有可取之点，但并不尽善尽美，并不适合现在发表出去，甚至可能会引起一场批评的风波。但麦金利又不愿辜负他的一番热忱，可是，他又不能不说这个“不”字，现在看他如何应付这个场面。

结果，麦金利这样说：“我的朋友，这真是一篇少有的精彩绝伦的演讲稿，我相信再也不会有人比你写得更好了。就许多场合来讲，这确实是一篇非常适用的演讲稿，可是，如果在某种特殊的场合，是不是也很适用呢？从你的立场来讲，那是非常合适、慎重的；可是我必须从党的立场，来考虑这份演讲稿发表所产生的影响。现在你回家去，按照我所提出的那几点，再撰写一篇，并送一份给我。”

他果然那样做了，麦金利用蓝笔把他的第二次草稿再加以修改，结果那位党员在那次竞选活动中，成为最得力的助选员。

批评是进步的明灯，因为有批评才有进步。俗语说得好：人非圣贤，孰能无过？圣贤都会有过错，何况我们这些凡人呢！而有了过错，就得有人来指正，这样才会有进步。但是赞美要看时机，批评要靠技巧。我们不要用恶语中伤他人，劝告他人时，如果能态度诚恳，语出谨慎，那我们将会得到更多的友谊，为我们的人缘加分。

毛毛虫规则：
思路和办法要与时俱进

很多人喜欢跟着前面人的路线走，这是“跟随者”习惯，这种“跟随者”最终会因为盲从而导致失败，这就是毛毛虫规则。

法国心理学家约翰·法伯曾经做过一个著名的“毛毛虫实验”：在一个花盆边缘上放许多毛毛虫，让这些毛毛虫首尾相接，围成一圈，而在花盆周围不远的地方，撒一些毛毛虫最喜欢吃的松叶。

这些毛毛虫开始一个跟着一个，绕着花盆的边缘一圈一圈地走，一小时过去了，一天过去了，又一天过去了，这些毛毛虫没有任何改变，依然夜以继日地绕着花盆的边缘在转圈，一连走了七天七夜，最终，这些毛毛虫因为饥饿和精疲力竭而相继死去。

在做这个实验前，约翰·法伯曾设想：毛毛虫很快会厌倦这种毫无意义的绕圈，继而转向它们比较爱吃的那些食物。但遗憾的是，这种想法是错误的，毛毛虫并没有这样做，而是最终饿死。这种悲剧产生的根本原因在于毛毛虫习惯于固守原有的本能、习惯、先例和经验。毛毛虫付出了生命，但没有得到任何成果。其实，如果有一个毛毛虫能够破除尾随习惯，而转向去觅食，这种悲剧就完全可以避免。

自然界中，这一规则在许多比毛毛虫更高级的生物身上也发挥着作用，其中鲦鱼是比较典型的。鲦鱼因个体弱小而常常群居，并以强健者为自然首领。科学家将一只稍强的鲦鱼脑后控制行为部分割除后，此鱼便失去了自制力，行动也发生了紊乱，但这种现象并没有影响其他鲦鱼的行为，它们一如既往地盲目追随。

毛毛虫规则同样也影响着人类。比如，在工作、学习和日常生活中，常常对那些“轻车熟路”的问题，下意识地重复一些现成的思考过程和行为方式，这就很容易让思想产生惯性，不由自主地依靠既有的经验，按固定思路去考虑问题，不愿意转个方向、换个角度想问题。

有一年，市场预测表明，该年度的苹果将供大于求。这使众多苹果供应商和营销商暗暗叫苦，他们似乎都已认定：他们必将蒙受损失！可就在大家为即将到来的损失而长吁短叹时，聪明的甲某却想出一个绝招！他想：如果在苹果上增加一个“祝福”的功能，即，只要能让苹果上出现表示喜庆与祝福的字样，如“喜”字、“福”字，就准能卖个好价钱！

于是，当苹果还长在树上的时候，他就把提前剪好的纸样贴在了苹果朝阳的一面，如“喜”“福”“吉”“寿”等。果然，由于贴了纸的地方阳光照不到，苹果上也就留下了痕迹——比如贴的是“福”，苹果上也就有了清晰的“福”字了！这样的苹果的确很少见，这样的创意也的确领先于人，正因为他的苹果有了这种全新的祝福功能——而这又是别人所没有的，在该年度的苹果大战中他果然独领风骚。

转眼到了第二年，他的这一手别人都学会了，但仍然是他的苹果卖得最火，为什么？因为他的点子想得更绝，他的苹果上不仅仅仍然有“字”，而且还能鼓励青睐者“成系列地购买”。原来，他早已将他的苹果一袋袋装好，且袋子里那几个有字的苹果总能组成一句甜美的祝词，如“祝您寿比南山”“祝你们爱情甜美”“祝您中秋愉快”“永远怀念你”，等等。人们再度慕名而至，纷纷买他的苹果做为礼品送人。

固有的思路和方法具有相对成熟性和稳定性，有积极的一面。因为是袭用前人的思路和方法，有助于人们进行类比思维，这样可以缩短和简化解决过程，让人们更加顺利和便捷地解决某些问题。但与此同时，其消极影响也是不容忽视的，这种固有思路容易使人们盲目地运用特定经验和习惯方法，不能区别貌似相同、实质不同的问题，结果不但浪费了时间和精力，还妨碍了问题的解决。而且经年累月地按照一种既定的模式去思考问题，不仅容易使人厌倦，更容易麻痹人的创造能力，影响潜能的发挥。

随着时代不断地变化和发展，我们也在不断地成长和发展，任何问题的解决办法我们都不能受限于以往的僵化模式，而是要不断地创新并与时俱进，从而能够适应时代的变化以及自身发展的需求。当生活和工作遭遇挫折或陷入停顿的时候，我们不能再像毛毛虫那样做毫无意义的努力，而应该转变思路并善于另辟蹊径，以便更有技巧、更有效率地工作，从而达到事半功倍的效果。

反馈规则：
鼓励和批评一个都不能少

反馈规则是物理学中的一个概念，是指把放大器的输出电路中一部分能量送回输入电路中，以增强或减弱输入讯号的效应。引用这个概念到现实生活中，是指及时地对活动结果进行评价，能强化活动动机，对学习和工作起到促进作用。

下面是心理学家赫洛克做过的一个著名的反馈规则心理实验：

赫洛克把被试者分成 4 个等组，在 4 个不同诱因的情况下去完成任务。第一组是激励组，每次工作后都给予鼓励和表扬；第二组是受训组，每次工作后对存在的问题都要严加批评和训斥；第三组是被忽视组，每次工作后不给予任何的评价，只让其静静地听其他两组受表扬和挨批评；第四组是控制组，让他们和前三组隔离，而且每次工作后也不给予任何评价。

实验结果表明：成绩最差的为第四组（控制组），激励组和受训组的成绩则明显优于被忽视组，而激励组的成绩不断地上升，学习积极性也高于受训组，受训组的成绩有一定的波动。这个实验表明：及时对学习和活动结果进行评价，能够强化学习和活动动机，对工作起到促进作用。适当激励的效果明显优于批评，而批评的效果比不闻不问效果好。

生活中，有反馈比没有反馈的学习效果要好得多。而且，即时反馈比延时反馈所产生的效应更大。

素有“经营之神”称号的日本松下电器总裁松下幸之助有一次在一家餐厅招待客人，一行 6 个人都点了牛排。等 6 个人都吃完主餐的时候，松下让助理去请烹调牛排的主厨过来，他还特别强调：“不要找经理，找主厨。”助理注意到，松下的牛排只吃了一半，心想一会儿的场面可能会很尴尬。

主厨来的时候很紧张，因为他知道叫他的客人是大名鼎鼎的松紧下先生，他紧张地问道：“是不是牛排有什么问题？”

松下略带歉疚地说：“牛排很美味，但是我只能吃一半，原因不在于厨艺，牛排真的很好吃，你是位非常出色的厨师，但我已经 80 岁了，胃口大不如以前了。”

主厨和在场的其他人都很困惑，面面相觑，松下接着说：“我想当面和你说，是因为我担心，当你看到只吃了一半的牛排被送回厨房的时候，心里会难过。”

在这里，松下幸之助所运用的就是反馈规则，而且很好地掌握了反馈的平衡技巧。

反馈规则提醒我们，有效的反馈机制是活动目标达成的必要条件，对于别人的活动必须及时地反馈调节。在反馈的时候，要正确运用鼓励和批评，两者不能偏废。鼓励很重要，但不能夸大其词；对于错误问题的批评要及时、慎重，不能讥笑和嘲讽。要使鼓励和批评收到实际效果，关键是理解和尊重，凭敏锐的感觉和沟通的智慧对症下药。

旁观者规则：
打破“三个和尚没水吃”的困局

一个人敷衍了事，两个人互相推诿，三个人则永无成事之日。这就是旁观者规则。

人们之间的合作不是简单的人力相加，要比这更加复杂和微妙得多。譬如，在人们合作之中，每个人的能力都是 1，那么 10 个人的合作结果就很有可能要比 10 大得多，或者有可能甚至比 1 还要小。为什么这样说呢？因为人不是静止的生物，人是有着高级的不同思想的生物，人与人相互推动的时候自然就会事半功倍，但如果相互抵触的话，那将一事无成。

我们可以去认真地观察螃蟹的行为，一个篓子里放一群螃蟹，你会发现根本不必盖上盖子，螃蟹是爬不出来的。当其中一只螃蟹想往上爬，其他的螃蟹就会将它拉下来，这就导致整篓子的螃蟹没有一只能够爬出去。这是典型的旁观者规则现象，有点类似于中国“一个和尚挑水吃，两个和尚抬水吃，三个和尚没水吃”的故事。

究竟该怎样才能打破“三个和尚没水吃”的困局呢？我们在此介绍三种办法：

★三个和尚轮流去挑水，吃水的问题迎刃而解。

★三个和尚分工负责，你挑水，我砍柴，他做饭，每人明确责

任，同时又分工合作，这样，不仅解决吃水问题，而且还建立了新的吃水流程。

★建立一种激励的制度，谁主动承担挑水的任务，就是对寺里做出重大贡献，在物质分配、职务晋升等方面将得到优先考虑，如果挑水成绩显著，给予重奖。这样，吃水的问题也不再是问题，寺庙的管理还会提高到一个新水平。

我们可以从一个实际例子来看旁观者规则在生活中的体现：

河边，一个小孩不小心掉进河里，旁观者甲本来是想下水救人的，但又有些犹豫，他观察周围，看目击者乙、丙等人的反应。心想："这么多人都看到小孩落水，总会有几个人下去救的，自己就不下去了吧。"就在旁观者甲犹豫之间，落水的小孩被水吞没了。没有一个人下水救援，此时，旁观者甲的内心不禁有些内疚。转念再一想，这里还有那么多人，即使要责怪，要内疚，要负责任，也是和其他数十个人分担，没什么大不了的。于是，他离开了。

于是，一桩桩旁观者众多却"见死不救"的事件便产生了。其实产生这种现象的原因之一，就是"旁观者规则"。虽然与人们认为的世态炎凉、人心不古之类的社会氛围或看客的冷漠等性格缺陷也有一定的关系。

如果把解救小孩落水当成旁观者的一次合作，那么合作失败的最根本原因就在于"旁观者规则"，众多的旁观者分散了每个人应该负有的解救责任。因此，社会学家认为责任不清是旁观者规则产生的最主要原因。

旁观者规则告诉我们两点：一是团结合作的重要性，缺乏团队协作只会使得团队进度缓慢，甚至整个项目失败；第二要明确个人的职责和分工，并且要增强沟通与协调，这样才能使效率提升，事半功倍。

思维定势规则：人的思维空间是无限的

思维定式规则是指人们局限于既有的信息或认识的现象。人们在一定环境中工作和生活，久而久之就会形成一种固定的思维模式，使人们习惯于从固定的角度去观察、思考事物，并以固定的方式来接受和处理事物。

美国的心理学家迈克曾经做过这样一个实验：他从天花板上悬下两根绳子，两根绳子之间的距离超过了人的两臂长，如果你用一只手抓住一根绳子，那么另外一只手无论如何也抓不到另一根。这种情况下，他要求一个人把两根绳子系在一起。不过他在离绳子不远的地方放了一个滑轮，意图是想给系绳的人以帮助。然而尽管系绳子的人早就看到了这个滑轮，却没有想到它的用处，更没有想到滑轮会与系绳活动有关，结果没有完成任务和解决问题。

其实，这个问题很简单。如果系绳子的人将滑轮系到一根绳子的末端，用力使它荡起来，然后抓住另一根绳子末端，待滑轮荡到他面前时抓住它，就能够把两根绳子系到一起，问题就会解决。

定势有时候有助于问题的解决，有时候会妨碍问题的解决。美国的科普作家阿西莫夫从小就很聪明，年轻的时候多次参加“智商测试”，得分总在 160 分左右，属于“天赋极高者”，他一直为此而

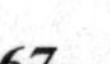

得意洋洋。

有一次，他遇到了一位汽车修理工，是他的老熟人。修理工对阿西莫夫说：“嗨，博士！我来考考你的智力，出一道思考题，看你能不能正确回答出来。”

阿西莫夫点头同意。修理工便开始说出思考题：“有一位既聋又哑的人，想买几根钉子，来到五金商店，对售货员做出了这样一个手势：左手两个指头立在柜台上，右手的拳头做出敲击状的样子。售货员见状，先给他拿来一把锤子。聋哑人摇摇头，指了指立着的那两根手指头。售货员于是明白了，聋哑人想买的是钉子。聋哑人买好钉子，刚走出商店，接着进来一位盲人。这位盲人想买一把剪刀，请问：盲人将会怎样做？”

阿西莫夫顺口答道：“盲人肯定会这样。”说着，伸出食指和中指，做出了剪刀形状。汽车修理工一听笑道：“哈哈，你答错了吧！盲人想买剪刀，只需要开口说‘我买剪刀，就行了，干吗还要做手势呀？”

智商160的阿西莫夫，这时不得不承认自己确实是一个“笨蛋”。而那位汽车修理工人却得理不饶人，用教训的口吻说：“在考你之前，我就料定你肯定要答错，因为，你所受的教育太多了，聪明反被聪明误。”

实际上，并不是因为学的知识多了人反而变笨了，而是因为人的知识和经验多，会在头脑中形成较多的定势思维。这种思维定势会束缚人的思维，从而使思维按照固有的路径展开。

思维定势规则经常会在生活中出现，譬如有这样一个问题：一位公安局局长在路边和一位老人谈话，这时跑过来一位小孩，急促地对公安局局长说：“你爸爸和我爸爸吵起来了！”老人便问：“这孩子是你什么人？”公安局局长说：“是我的儿子。”请回答：这两个吵架的人和公安局局长是什么关系呢？

这个问题，100名被试者中只有两个人答对！后来对一个三口之家问这个问题，父母没答对，孩子却很快答了出来：“局长是个女的，吵架的那人是局长的丈夫，也就是孩子的爸爸；另一个是局长的爸爸，也就是孩子的外公。”

为什么那么多的成年人对如此简单的问题的解答反而不如孩子呢？这就是定势规则：按照成人经验，公安局局长应该是个男的，从男局长这个心理定势再推想，自然是找不到答案的；而小孩子就没有这方面的经验，也就没有所谓的心理定势限制，因而一下子就能找到正确答案。

人的思维空间是无限的，至少有亿万种可能。也许我们正被困在一个看似走投无路的境地，也许我们正囿于一种两难选择之间，这时一定要明白，这种境遇只是因为我们固执的定势思维而导致，只要勇于重新考虑，一定能够找到不止一条逃出困境的路。

从众规则：

做事要有主见，不盲目跟风

从众规则也称乐队花车规则，指的是当个体受到群体影响（引导或施加的压力）的时候，就会开始怀疑并改变自己的观点、判断和行为，朝着和大多数人一致的方向变化。也就是指：个体受到群体的影响而怀疑、改变自己的观点、判断和行为等，以和他人保持一致。也就是人们通常所说的“随大流”。

对从众规则所进行的研究实验中，最为经典的莫过于“阿希实验”。

1952年，美国心理学家所罗门·阿希做了一个实验，来研究人们会在多大程度上受到他人的影响，而违心地做出明显错误的判断。他请大学生们自愿申请做他的测试者，告诉他们这个实验的目的是研究人的视觉情况。当某个来参加实验的大学生走进实验室时，他发现已经有5个人先坐在那里了，他只能坐在第6个位置上。事实上他不知道，其他5个人是跟阿希串通好了的假测试者（即所谓的“托儿”）。

阿希要大家做一个非常容易的判断：比较线段的长度。他拿出一张画有一条竖线的卡片，然后让大家比较这条线和另一张卡片上的3条线中的哪一条线等长。判断共进行了18次。事实上这些线条的长短差异很明显，正常人很容易作出正确的判断。

然而，在两次正常判断之后，5 个假测试者故意异口同声地说出一个错误的答案。于是真测试的那个大学生开始迷惑了，他是坚定地相信自己的眼力呢，还是说出一个和他人一样，但自己心里认为不正确的答案呢？

从总体结果看，平均有 33% 的人判断是从众的，有 76% 的人至少做了一次从众的判断，而在正常的情况下，人们判断错的可能性还不到 1%。当然，还有 24% 的人一直没有从众，他们按照自己的正确判断来回答。

生活中，从众规则发生在每个人的身上，大家都有不同程度的从众倾向，总是倾向或跟随大多数人的想法或态度，以证明自己并不孤立。经过研究发现，影响从众现象发生的最重要的一个因素是持某种意见人数的多少，“人多”本身就是说服力的最好依据，很少有人能够在众口一词的情况下还坚持自己的不同意见。

假如你是一位站在十字路口上的行人，这时红灯亮了，但路面上并没有来往车辆行驶。这时候，有一人不顾红灯的警告而穿越马路，接着两人、三人……人们便蜂拥而过，这时的你会怎样做呢？还留在原地，不但别人会说你“傻”，恐怕连你自己也会这样认为，于是，你就会跟随人流穿越马路，这种现象就被称为从众现象。

一件事情不论好坏，只要有人敢做，其他的人便会蜂拥而至。俗语说，“一人胆小如鼠，二人气壮如牛，三人胆大包天”，反正人多，谁怕谁？于是生活中便出现了许多现象由于众人的参与而被披上“合理”的外衣，譬如随地吐痰、随意跨护栏……

从众现象的另一个决定因素是压力。一个团体内，无论谁做出与众不同的行为，往往都会招致“背叛”的嫌疑，会被其他成员孤立，甚至受到严厉的错误惩罚，因此，团体内成员的行为往往会保持高度的一致性。

如果只是一味地盲目从众，那将会扼杀一个人的积极性和创造力。是否能够减少盲从行为，运用自己的理性判断是非并坚持自己的判断，是成功者与失败者的区别。也许大多数人都认为从众行为扼杀了个人的独立意识和判断力，是有百害而无一利的。实际上，对待从众规则要辩证地去看。

特定条件下，如果无法收集到足够的信息以确保信息的准确性，那么从众行为是在所难免的。通过模仿他人的行为来选择策略并非完全不可取，甚至有时模仿策略还可以有效地避免风险和取得进步。但从众行为往往缺少目的性，要想通过这种缺乏目标的“随大流”来取得成功，无疑是异想天开的想法，只有摆脱从众规则的束缚，才能在事业上取得进步，才能取得更大的成功。

酝酿规则：
踏破铁鞋无觅处，得来全不费工夫

在解决问题的过程中，常常很久都找不到解决问题的方法，于是思维陷入了困境。但如果暂时把难题放在一边，放上一段时间，我们便会突然发现满意的答案就在我们的身边。心理学家将其称为“酝酿规则”。

古希腊时，国王命工匠为自己做了一顶纯金的王冠，但他又怀疑工匠在王冠中掺了银子。但从重量上看，这顶王冠与当初交给金匠的一样重，谁也不知道金匠到底有没有捣鬼。于是国王叫来阿基米德，把这个难题交给了他。阿基米德为了解决这个问题而冥思苦想，起初他尝试了很多办法，但都失败了。有一天他去洗澡，坐进澡盆，看到水往外溢，同时感觉身体被轻轻地托起，他突然间恍然大悟，运用浮力原理解决了王冠的问题。阿基米德所发现的浮力现象就是酝酿规则的体现。

日常生活中，我们常常会对一个难题感觉束手无策，不知该从何入手，这时我们的思维就进入了“酝酿阶段”。而当我们抛开面前的问题去做其他事情的时候，百思不得其解的答案会突然出现在我们面前，令我们忍不住发出类似阿基米德的惊叹，这时，“酝酿规则”就绽开了“思维之花”，结出了“答案之果”。

心理学家认为，在酝酿过程中，存在着潜在意识层面推理，储存在记忆里的相关信息在潜意识里组合，我们之所以在休息时会突然找到答案，是因为个体消除了前期的心理紧张，忘记了个体之前不正确的、导致僵局的思路，而重新具有创造性的思维状态。

如果你面临一个难题，不妨先把它放在一边，去和朋友散步、喝茶，或许答案真的会“踏破铁鞋无觅处，得来全不费工夫”。

阿伦森规则：
善用褒贬，先贬后褒

阿伦森规则是指人们喜欢那些对自己的喜欢、奖励、赞扬不断增加的人或物，最不喜欢那些对自己奖励不断减少的人或物。

阿伦森是一位著名的心理学家，他将实验人分4组对某一人给予不同的评价，借以观察某人对哪一组最具好感。第一组始终对之褒扬有加，第二组始终对之贬损否定，第三组先褒后贬，第四组先贬后褒。

此实验对数十人进行过后，发现绝大部分人对第四组最具好感，而对第三组最为反感。阿伦森认为，人们大都喜欢那些对自己表示赞赏的态度或行为不断增加的人或事，而反感上述态度或行为不断减少的人或事。为什么会这样呢？其实主要是挫折感在作怪。从备加褒奖到小的赞赏乃至不再赞扬，这种递减会导致一定的挫折心理，但一次小的挫折一般人都能比较平静地加以承受。然而，继之不被褒奖反被贬低，挫折感会陡然增大，这就不大被一般人所接受了。递增的挫折感是很容易引起人的不悦及反感心理的。

实际上，阿伦森规则在生活中也是常见的。比如刚刚毕业的大学生来到新单位工作，从被保护的环境一下子跳入一个竞争性的环境，很容易发生“适应不良症”。作为新人，开始时的勤奋工作可能被领导和同事重视并得到赞扬，但日子一长，从局外人逐渐成为局内人，领导的表扬没了，同事的赞赏少了，他会感到不自在，感到自己可有可无，无足轻重，产生挫折心理，所以工作积极性大受影响，没有初来时的那股干劲了。殊不知这种由勤到不勤的转变，对领导和同事而言，同样会产生“褒奖递减”作用，形成“阿伦森规则”，对其表露出不满。这会进一步加剧该学生的挫折感，使其更加懒散，进而大家对他更没有好印象。这种恶性循环会使这位大学生越来越陷入一种非常失败的循环中。

阿伦森规则提醒人们，在日常工作与生活中，应该尽力避免由于自己的表现不当所造成的他人对自己印象向不良方向的逆转。同样，它也提醒我们在形成对别人的印象过程中，要避免受它的影响而形成错误的态度。

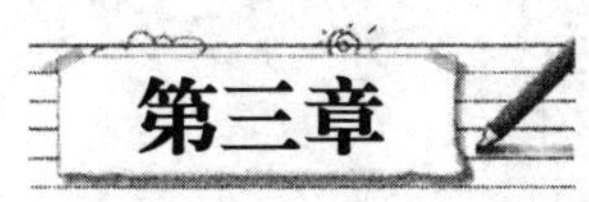

人际交往的规则

多方位解读日常生活中的人际交往行为规则，全方面探索人际交往中的心理制胜策略，重新检视自己的成败与得失。这样，才能改变自己，提升自己，完善自己的人生。

蟑螂规则：
己所不欲，勿施于人

所谓的“蟑螂规则”，是指蟑螂之间毒性相互传染的现象。这一现象在人类之间也同样存在。

蟑螂是一种人见人恨的昆虫，遭到人们的厌恶。蟑螂的生命力非常顽强，永远是道高一尺，魔高一丈，不断地产生抗药性。在20世纪，德国的一家公司发明了一种治蟑的药物，这种药物具有神奇功效，一旦一只蟑螂吃下了这种药物，它并不会马上死亡，而是慢慢死亡，药物的毒性将会污染蟑螂的整个躯体。蟑螂有一个独特的习性：一只蟑螂死亡以后，别的蟑螂会一点点地蚕食掉死亡蟑螂的躯体。当中毒的蟑螂死后，别的蟑螂就会相继中毒，直到全部死亡。

也许有人会问：“蟑螂规则和一只老鼠坏了一锅汤有什么区别？”其实，区别还是很大的。一只老鼠掉在汤水里，这锅汤自然不能再食用了。但是，不能食用的只是这一锅汤而已，别的汤还能食用，而蟑螂规则不只是坏一锅汤的问题，如果发生了蟑螂规则，可能会坏很多锅汤。

下面我们来看看蟑螂规则是怎样在人群中传播的。

某公司有几个合伙人一起创业，在创业初期，互相协作，互相团结，打拼出一片天地。随着业务逐渐扩大，问题也逐渐显现出来。A 负责公司的市场运作，可以说做得得心应手，但 B 总担心 A 掌控了公司的核心业务，自己的风险会增加，于是安插了自己的人到 A 的部门工作。A 也不是傻瓜，对 B 的举动心知肚明，开始怨恨起 B 来。C 一看 B 在市场部门安插了自己的人手，担心市场部门被 A 和 B 掌控，于是他也安插自己的人手到市场部门。A 也不是什么省油的灯，也安插了自己的人到 B 和 C 所负责的领域。时间一长，A、B、C 之间的信任越来越小，沟通的机会越来越少。渐渐地，公司没有人再有心思去搞业务，大家都忙着互相监督，争权夺利，公司业务江河日下，最后以倒闭告终。这就是人类之间的蟑螂规则。

在上述案例中，B 是第一只中毒的蟑螂，B 中毒后，马上就传染给了 A 和 C。当然，这里面只讲述了 A、B、C 的故事，其实，如果算上 A、B、C 的手下，那么，蟑螂的数量更大。A、B、C 分手后又各自重新创业，A 没有再寻找合伙人，因为 A 坚信，自己是不会变成一只毒蟑螂来毒害自己的，但是 A 没有想到，自己受到了以往的伤害后，变得对人不信任了，对任何人都抱着怀疑态度。做企业并不是 A 一个人就能完成的，A 手下还会有员工，由于 A 已经是一只有毒的蟑螂，A 又把这些毒性传染给了自己的员工，后来，A 的事业再次失败。B 创业之后，找到新的合伙人，B 认为以前的失败，就是控制力度不够，B 要加强控制，手伸得很长，时间长了，新的合作者又变成了一只毒蟑螂，结果可想而知。由最初的一只毒蟑螂 B，变成了几只毒蟑螂，在他们各自创业后，又变成了更多只毒蟑螂，后来到底有多少毒蟑螂，就没有办法计算了。这些有毒的蟑螂是否又会把这些毒性传染给自己的家庭、朋友？所以说，一只毒蟑螂，不只是影响一锅汤，而是会影响很多锅汤。

蟑螂规则不只对团队有影响，还会影响夫妻、父子、兄弟之间的关系，甚至影响整个社会。

蟑螂规则告诉我们，每个人都不能将自己的快乐建立在别人受损的基础上。人生活在群体当中，很多事情都是相互的，当为了满足自己的欲望而导致别人受损的时候，别人也会对你做同样的事情，你的利益也可能受损。当老板克扣员工工资时，员工也可以在工作中偷工减料或者消极怠工；当合伙人之间互相不信任，处处留一手，别的合伙人也可以留一手。《论语》中的“己所不欲，勿施于人”，为我们树立了正确的价值观念。只有做到“己所不欲，勿施于人”，才有可能真正地避免蟑螂规则发生作用。

首因规则：
路遥知马力，日久见真心

首因规则，也被称为第一印象作用，或先入为主效应。首因规则是指个体在社会认知过程中，第一印象作用最强，持续的时间也很长，它比以后得到的信息对于事物的整个印象影响要大。

美国心理学家洛钦斯于 1957 年首次采用实验方法对这一规则进行研究。洛钦斯设计了 4 篇不同的短文，分别描写了一位名叫杰姆的人。第一篇文章整篇都把杰姆描述成一个开朗而友好的人；第二篇文章前半段把杰姆描述得热情友好，而后半段则描述得孤僻而不友好；第三篇与第二篇相反，前半段说杰姆的孤僻不友好，后半段却说他的热情友好；第 4 篇文章全篇将杰姆描述得孤僻而不友好。洛钦斯请 4 个组的被试者分别读这四篇文章，然后在一个量表上评估杰姆的为人到底友好还是不友好。结果表明，篇幅的前后是至关重要的，开朗友好在先，评估为友好者为 78%，在后，则降至 18%，首因规则表现得极为明显。

在结交朋友的时候，第一印象总是十分重要，可是你千万不要把第一印象变成对朋友挥之不去的“终影”。

一个新闻系的毕业生到报社找工作。

“你们需要一个编辑吗？”他对总编说。

“不需要！”

“那么记者呢？”

“不需要！”

“那么营销人员、排版工人、校对呢？”

“不，我们现在什么空缺都没有了。”

“那么，你们一定需要这个东西。”说着他从包中拿出一块精致的小牌子，上面写着“额满，暂不雇用”。

总编看了看牌子，微笑着点了点头，说：“如果你愿意，可以到我们的广告部工作。”这个大学生通过自己制作的牌子表达了自己的机智和乐观，给总编留下了深刻的“第一印象”，从而为自己赢得了一份工作。这就是“第一印象”的奇妙作用。

比尔走进公关经理室就对副经理戴伊颇有好感，他干脆利落的工作作风，风度翩翩的仪表，尤其是对比尔十分热情，当他抬头打量比尔的时候，主动打招呼：“嗨！小伙子，你好，请坐。”随后带着他熟悉了公司的各个部门，还重点介绍了室内情况，比尔对此感恩不尽，认为戴伊是个很讲义气的朋友。而另一室的工程师劳德鲁普脸色阴沉沉地，手里正忙着设计，只是抬抬头连声招呼也没打，比尔在心里给劳德鲁普下的定义是“呆板、不热情，肯定是个冷血动物”。

此后，比尔碰上任何事就以此为“标准”进行衡量了。过了不久，戴伊利用比尔的信任和年轻，让他在众人面前跌了一个大跟头。比尔后悔莫及，为什么要为戴伊卖命。而为他挽回损失与声誉的，恰恰是工程师劳德鲁普，他揭穿了戴伊的诡计，为比尔洗刷了不白之冤。比尔之后痛责自己，不该让印象“先入为主”，以表面的好恶来取舍朋友，直到那善于伪装的“朋友”把自己推入陷阱，但此时后悔已经迟了。

社会很复杂，在与人交往的时候，为了利益而心怀叵测，这种人到处都有，当别人对你好的时候，不要沉湎于其中；当别人对你冷淡的时候，也不要过分计较。“知人知面不知心，画人画虎难画骨”，每个人背后的“目的性”大多一时难以认清，所以还是以静观动为好，俗话说“路遥知马力，日久见真心”。否则，以过早的表面印象取舍，下结论，会使你结交下“地雷式”的朋友，酿成灾祸，也会使你错过真诚的朋友，遗憾终生。

首因规则在人们的交往中起着非常微妙的作用。它告诉我们：第一印象是难以改变的。因此在日常交往的过程中，尤其是和别人初次交往的时候，一定要注意给别人留下美好的印象。要做到这一点，首先，要注重仪表风度；其次，要注意言谈举止，言辞幽默，不卑不亢，举止优雅，定会给人留下深刻而美好的印象。

美即好规则：
一荣俱荣、一损俱损的盲点

美即好规则是指当一个人在某一方面很出色，如相貌、智力、天赋等，人们往往认为他们在其他方面也会自然而然地出色。更有甚者，只要认为某个人不错，就赋予其一切好的品质，便认为他所使用过的东西、跟他要好的朋友、他的家人都很不错。

在与别人的交往中，我们并不总是能够实事求是地评价一个人，而往往是根据已有的对别人的了解而对其他方面进行推测，从对方具有的某个特性而泛化到其他有关的一系列特性上，从局部信息形成一个完整的印象，一荣俱荣、一损俱损。

固然，有些人确实可以在很多方面都很优秀，但现实中这种人毕竟不多。现实中多的是有所专长，但在许多方面都很平庸的人。古语云：人不可貌相，海水不可斗量。要是以貌取人，或是对一个人的能力以偏概全，你可能会丢失很多宝贵的东西。

在生活中，其实我们都在无意识地、执拗地利用着美即好规则。大多数人只要一闻到权威的气息，便会立即放弃自己的主张或信念，转而去迎合权威的说法；一看到某些人长相出众，就认为他们的能力也不错，从而给他们很多机会。其实，美即好规则是一把双刃剑。在对人才的甄别上，我们应从本质上去认识，真正选中有真才实学的人；在面对权威人士的观点时，要理性地去进行鉴别，从而避免受到误导。只有这样，才不会有碍你的成功。

战国时候，道家隐者杨朱和弟子有一次来到了宋国。天气很热，他们找到了一家小客栈休息。弟子不久就发现，店主的两个老婆长相与身份地位相差极大：一个长相一般的在柜台上掌管钱财进出，而一个长得很美的却干着洗碗拖地的杂活。弟子很困惑，就忍不住问店主是什么原因。主人回答说："长得漂亮的自以为漂亮，不听管束，举止傲慢，可是我却不认为她漂亮，所以我让她干粗活；另一个认为自己不美丽，凡事都很谦虚，我却不认为她丑，所以就让她管钱财。"

在企业里面，有多少管理者能像这位旅店的老板一样公允分明地用人呢？有很多领导，一看见漂亮出众的女孩子，不管她才能如何，都要尽收门下，给其最轻松的工作和最优厚的待遇。而能干、谦逊，但长相平凡的员工，却得不到多少施展才能的机会，报酬也相应低。

以貌取人的领导，最终会伤透下属的心，长期下去，务实之人定会悄然离别，而花瓶也不可能为你带来效益，最终企业只有等着关门。

也有人利用别人美即好的心理，取得了个人事业的成功。麦哲伦是近代航海事业的开拓者之一，带领自己的船队成功地完成了环绕地球一周的壮举，向世人证明了地球是圆的。他之所以能够成功，得益于获得了西班牙国王卡洛尔罗斯的帮助。当时，自哥伦布航海成功以来，许多投机者或骗子为求得资助频频出入王宫，要求得到国王的资助进行新的航海探险。这使得争取到资助的难度增加了不少。麦哲伦为表明自己与这些人不同，在觐见国王时特地邀请了著名的地理学家路易·帕雷伊洛同往。

帕雷伊洛是公认的地理学权威，国王对他也相当尊重。进宫后，帕雷伊洛将地球仪摆在国王面前，历数麦哲伦航海的必要性及种种好处。国王看到帕雷伊洛都如此推崇麦哲伦的计划，于是爽快地答应资助这次航行，向麦哲伦颁发了航海许可证。其实，在麦哲伦等人结束航海后，人们发现了帕雷伊洛当时对世界地理的错误认识及他所计算的经度和纬度的诸多偏差。由此可见，劝说的内容无关紧要，卡洛尔罗斯国王只是因为那是“专家的建议”，就认定帕雷伊洛的劝说是值得信赖的。正是国王的美即好心理效应——专家的观点不会有错，成就了麦哲伦的环球航行的伟大成功。

印象一旦以情绪为基础，这一印象常会偏离事实。看不到优秀背面的东西，就不能很好地解读它。

150 人规则：
平衡的人际关系才会带给你幸福的生活

150人规则是指我们每个人与人交往的人数大约是150人。人们在正好认识150人时，效率最高。认识多于或少于150人时，效率都会降低。多于150人时，会不能进行有效的交流；少于150人时，人会感到孤独。

人类学家罗宾·丹巴研究了各种不同形态的原始社会，发现在那些村落中，人大约都在150名左右，人们把他的研究理论称之为“150人规则”。现在我们许多人都远离村庄生活，但是却没有脱离这个概念：罗宾让一些居住在大都市的人们列出一张与其交往的所有人的名单，结果他们名单上的人数大约都在150名左右。

许多人把生活视为一种长途旅行。他们在途中只选择自己需要的人和事，这其中包括朋友、家庭和事业。这是一种狭隘的、自私的、势利的生活观念，这也是这些人在工作称心、变得富有后还是感到不幸福的原因。生活中，其实你不是一名孤独的旅行者，而是你自己村落的首领：你对村落生活的方方面面都要负责，一份好工作会帮助你这个村落的“经济发展”，同时你也要注意这个村落的文化生活与社会关系的和谐。不能让你的村落虽然富饶，但大家都忙于工作不和邻人交往，让你的村落冷冷清清，空空荡荡，没有一

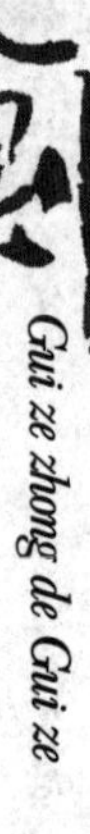

点人气。

150人规则还告诉我们，每一人身后大致有150名亲朋好友。如果您赢得了一个人的好感，就意味着赢得了150个人的好感；反之，如果你得罪了一个人，也就意味着得罪了150个人。在生活中，接触不同的人，要与人为善，赢得对方的好感，从而快速积累人脉资源，扩大人脉关系网。

许多人认为幸福是在竞争中获胜，胜者得到好的工作、美满的家庭和大把的钞票，败者就该沦为不幸。150人规则告诉我们，不能简单地依据人们的工作种类或者赚钱的多少来评判一个人成功、幸福与否，平衡的人际关系才会带给你真正的幸福生活。

拆屋规则：
不要只去拆屋，还要记得开天窗

拆屋规则是指在人际交往过程中，先提出很大的要求来，接着提出较小、较少的要求，这样就比较容易达到目的。在心理学上这被称为“拆屋规则”。这一现象与“登门槛规则”异曲同工。

我们拿两种情况做一下对比，第一种情况是先提出一个不合理要求，再提出一个相对较小的要求，第二种情况是直接提出这个较小的要求，比较哪种情况下的要求更易被接受。实验结果表明，在前一种情况下提出的要求更容易被人们所接受，而直接提出要求反而不容易被接受。

通常人们不太愿意两次连续地拒绝同一个人，当你对第一个无理要求拒绝后，你会对被拒绝的人有一种歉疚，所以当他马上提出一个相对较易接受的要求时，你会尽量地满足他，而不太愿意连续两次摆出拒绝的姿态，毕竟我们并不想因为自己的行为而让人觉得我们想拒绝这个人。

鲁迅先生曾于 1927 年在《无声的中国》一文中写道：“中国人的性情总是喜欢调和、折中的，譬如你说，这屋子太暗，说在这里开一个天窗，大家一定是不允许的。但如果你主张拆掉屋顶，他们

就会来调和，愿意开天窗了。”

这一规则在现实生活中也很常见。学校的一名学生犯了错误后离家出走，班主任和家长都焦急万分，没过几天学生安全地回来后，班主任和家长反倒不再过多地去追究这名学生之前所犯的错误了。实际上在这里，离家出走就相当于“拆屋”，是班主任没办法接受，也是不希望再发生的一种结果，学生之前犯的错误就相当于“开天窗”，虽然原来难以接受，但相对于离家出走就显得可以接受，实际上这就是拆屋规则的表现。

拆屋规则也是交际中常用的有效的技巧，例如在谈判中，有时候我们需要在谈判一开始就抛出一个看似无理而令对方难以接受的条件，但这却并不意味着我们不想继续谈判下去，而只代表着一种谈判的策略要了。这是个非常有效的策略，它能让你在谈判一开始就占据着比较主动的地位，但记住这只是“拆屋”，如果想让谈判真正有所进展，不要忘记“开天窗”。所以，如果你的一个要求别人很难接受时，在此前你不纺试试提出个他更不可能接受的要求，或许你会有意外的收获。

在与人交际的时候，要善于掌控对方的心理，不要让自己先在心理上处于劣势，否则你就会在此交际中处于劣势状态。一定要巧妙利用拆屋规则，这会让你与他人之间的交际变得更顺利。

近因规则：
凡事在先，须加忍让

近因规则和首因规则相反，指的是在多种刺激同时出现的时候，印象的形成主要取决于后来出现的刺激，即交往过程中，我们对他人最近。最新的认识占主体地位，掩盖了以往形成的对他人的评价，因此，这也被称为“新颖规则”。

心理学家洛钦斯同样做了这样一个实验。分别向两组测试者介绍一个人的性格和特点。对甲组先介绍这个人的外向特点，然后介绍内向特点；对乙组则相反，先介绍内向特点，后介绍外向特点。最后考察这两组测试者留下的印象。结果首因规则起的作用很大。洛钦斯把上述实验方式做了改变，在向两组测试者介绍完第一部分后，插入其他作业，如做一些数字演算、听历史故事等不相干的事，之后再介绍第二部分。实验结果表明，两组的测试者，都是第二部分的材料留下的印象深刻，近因规则明显体现。

近因规则指在总体印象形成的过程中，新近获得的信息比原来获得的信息影响更大。研究发现，近因规则一般不如首因规则明显和普遍。在印象形成的过程中，当不断有足够引人注意的新信息，或者原来的印象已经淡忘的时候，新近获得的信息作用就会比较大，就会发生近因规则。个性特点也影响近因规则或首因规则的发生。一般心理上开放、灵活的人容易受近因规则的影响，而心理上具有稳定倾向的人，容易受首因规则的影响。

多年不见的朋友，在自己脑海中留下的最深刻的印象，其实就是临别时的情景；一个朋友总是让你生气，可是谈起生气的原因，大概只能说上两三条，这也是一种近因规则的表现。在人际交往过程中，这种现象很常见。

在人与人的交往过程中，交往初期，大家都还很生疏时，首因规则的影响重要；而在交往的后期，就是在彼此已经相当熟悉的时候，近因规则的影响逐步加大。

现实生活中，近因规则的心理现象普遍存在。张林与李萌是小学的同学也是好朋友，双方非常了解，可是近一段时间，李萌因家中闹矛盾，心情十分不快，对张林动不动就发火，而且由于一个偶然的因素影响，两人闹起了误会。张林因此而认为李萌过去一直都在欺骗自己，于是与他断绝了友谊。其实这就是近因规则在起副作用。

在人际交往中，特别要警惕朋友之间的负面近因规则，在你感到自己受屈、善意被误解的时候，情绪多为激情状态。在激情状态下，人们对自己的行为控制能力和对周围事物的理解能力，都会有一定程度的降低，容易说出错话，做出错事，产生不良的后果。因此，凡事在先，须加忍让，防止激化，待心平气和时，彼此再理论，才能明辨是非。

晕轮规则：不要让光环遮住你的双眼

晕轮规则又称光环规则，最早是由美国的著名心理学家爱德华·桑戴克提出的。晕轮是一种当月亮被光环笼罩的时候产生的模糊不清的现象。爱德华认为，人对事物和他人的认知判断往往是从局部出发，然后扩散，最后得出整体现象。就像晕轮一样，这些认知和判断常常都是以偏概全的。

心理学家戴恩做过这样的一个实验：先让被测试者看一些人的照片，这些人形色、着装各不相同，然后让这些被测试者从特定的方面来评定这些人。结果表明，被测试者赋予了那些有魅力的人更多的、理想的人格特征，比如：和蔼、沉着、好交际等。那些形象差的人被添加了更多贬义的人格特征，比如：奸诈、狡猾等。

如果一个人被认为是好的，他就会被赋予很多优秀的品质，被一种积极而肯定的光环所笼罩；如果一个人被认为是坏的，他就会被认为具有很多坏的品质，就被一种否定的光环所笼罩。

我们内心深处总是认为人的外表和性格与人的品质之间有着内在联系。比方说，认为热情的人往往对人比较友好，肯帮助别人，容易相处；而性格内向的人则较为冷漠、孤独、古板，比较难相处。这样，对某人只要有了“热情”或“内向”的一个核心特征，我们就会自然而然地去补足其他有关联的特征。其实这种从外表判断内心，又从性格特征泛化到对品质的评价的现象，正是产生晕轮规则的主要原因。

晕轮规则是一种以偏概全的主观心理臆测。正如歌德所说："人们见到的，正是他们知道的。"晕轮规则的错误就在于：它只抓住事物的个别特征，习惯以个别现象推及一般，就像盲人摸象一样，以点带面；它把并无内在联系的一些个性或外貌特征联系在一起，断言有这种特征必然会有另外一种特征；说好就全都肯定，说坏就会全部否定，这是一种受主观偏见支配的绝对化倾向。

事实上，晕轮规则不仅仅表现在通常的以貌取人上，还常常表现在以服装来判断他人的地位、性格，以初次言谈断定他人的才能与品德方面。在对不太熟悉的人进行评价的时候，晕轮规则体现得更为明显。

比如，有的领导对一些青年人的生活习惯、衣着打扮看着不顺眼，于是就会把他们看得一无是处。而看到某人的字写得很好，就认为他思路清晰，办事认真，有条理，等等。总之，这种戴着有色眼镜去判断他人正是陷入了晕轮规则的迷宫。这种人际知觉的投射倾向，往往是不自觉的。一旦你自己不加注意，没有清醒地、理智地经常进行自我反思，那么，就很有可能产生各种偏见。

晕轮规则是一种非常普遍的心理错觉。在人际交往中，我们应该注意告诫自己不要被别人的晕轮规则所影响，而陷入晕轮规则的误区。从另一方面来说，也应该恰当利用这一规则来提高自己的人际关系。比方说，你对人诚恳多一些，即便你的能力差一些，别人也会对你产生信任。在职场，你就更应该巧妙地运用晕轮规则，把自身的优势充分地展现出来，给领导留下一个深刻的好印象，从而得到领导的赏识。

多看规则：越看越喜欢，越熟悉的东西越喜欢

越熟悉的东西越喜欢的现象，心理学上称为“多看规则”。20 世纪 60 年代，心理学家查荣茨做过这样一个实验：他向测试者出示一些人的照片，有些照片出现了二十几次，有的出现十几次，而有的则只出现了一两次。之后，请测试者评价对照片的喜爱程度。结果发现，测试者看到某张照片的次数越多，就越喜欢这张照片。他们更喜欢那些看过二十几次的熟悉照片，而不是只看过几次的照片。也就是说，看的次数增加了喜欢的程度。

在一所大学的宿舍楼里，心理学家随机找了几个寝室，发给几个寝室的女生不同的艺术画，然后要求她们以欣赏艺术画为由，在这些寝室间互相走动，但见面时不得交谈。一段时间后，心理学家评估她们之间的熟悉和喜欢的程度，结果发现：见面的次数越多，相互喜欢的程度越大；见面的次数越少或根本没有，相互喜欢的程度就较低。

在生活中，我们也常常能发现这种现象。例如，我们新认识的人中，有的相貌不佳。最初，我们可能会觉得这个人很难看，可是在多次见到此人之后，逐渐就觉得顺眼了，有时甚至会觉得他在某

些方面很有魅力。亲戚朋友之间多来往能增进感情，反之就可能会慢慢疏远。

在职场中也是这样，经常在领导身边出现的人往往比较受领导喜欢。

有两个人给同事当红娘，一方提出一个人的名字，另一个人听了简直跳起来:“啊，他哪里配得上我朋友？”其实，她朋友并不见得有多美，不过，在她眼里，朋友美若天仙，温文尔雅。

仔细想想，自己是否也有同样的倾向一觉得自己的朋友都无可挑剔，别人都是高攀。如果你希望被别人喜欢，别忘了给他机会多“看见”你。但是请注意，“多看”的次数是有界限的，过于熟悉可能会产生厌烦感。

刻板规则：
不要戴着有色眼镜去看人

刻板规则，又称定型规则，是指人们用刻印在自己头脑中的关于某人、某一类人的固定印象做为判断和评价他人的依据。

社会心理学家包达列夫做过这样一个实验，将一个人的照片分别给两组测试者看，照片的特征是眼睛深凹，下巴外翘。向两组测试者分别介绍了情况，给甲组介绍情况的时候说“此人是个罪犯”；给乙组介绍情况的时候说“此人是位著名学者”，然后，请两组测试者分别对此人的照片特征进行评价。

评价的结果是，甲组测试者认为：此人眼睛深凹表明他凶狠，狡猾，下巴外翘反映其顽固不化的性格。乙组测试者认为：此人眼睛深凹，表明他具有深邃的思想，下巴外翘反映他具有探索真理的坚韧精神。

为什么两组测试者对同一照片做出如此截然相反的评价？原因很简单，这就是人们对社会各类的人有着一定的定型认知。把他当罪犯来看的时候，自然就把其眼睛、下巴的特征归类为凶狠、狡猾和顽固不化，而把他当学者来看的时候，便把相同的特征归为思想的深邃性和意志的坚韧性。刻板规则实际上就是一种心理

定势规则。

有些人总是习惯地把人进行机械的归类，把某个具体的人看做是某类人的典型代表，把对某类人的评价视为对某个人的评价，因而影响了正确的判断。刻板印象常常是一种偏见的看法，人们不仅对接触过的人会产生刻板印象，还会根据一些不是十分真实的间接资料对未接触过的人产生刻板印象，得出固化的结论。例如：老年人是保守的，年轻人是爱冲动的；北方人是豪爽的，南方人是善于经商的，等等。

《三国演义》中曾与诸葛亮齐名的庞统去拜见孙权，“权见其人浓眉掀鼻，黑面短髯，形容古怪，心中不喜”；庞统又见刘备，“玄德见统貌陋，心中不悦”。孙权和刘备都认为庞统这样面貌丑陋的人是不会有什么才能的，因而产生不悦的情绪，实际上这是刻板规则的负面影响在发生作用。

人的思维总是从个别到一般，再从一般到个别，人们在认知某人的时候，会先将他的一些明显的特征归属为某类成员，又把这类成员所具有的典型特征都归属到他的身上，再以此为依据去认知他，然后将这种印象存于人们的头脑里。假如在没有充分把握某一类人全面实际材料的基础上就做出概括的话，往往会形成不符合这类人的实际特征印象。而依据这种印象去评价和判定别人的时候，又不考虑个人的具体生活经验，自然就会产生“刻板印象”偏见了。比如，人们一般认为工人豪爽，农民质朴，商人精明，军人雷厉风行，知识分子文质彬彬，诸如此类都是人脑中形成的刻板、固定印象，都是类化的看法。此外，性别、年龄等因素，也可以成为刻板规则对人分类的标准。例如，按年龄归类，认为年轻人进取心强，敢说敢干，而老年人则墨守成规，行动迟缓；按性别归类，认为男人总是独立性很强，竞争心强，而女性则是依赖性强，内心脆弱，注重外貌。

刻板规则既有积极的作用也有消极的作用。由于刻板印象建立在对某类成员品质的抽象概括的基础上，反映了这类成员的共性，有一定的合理性和可信度，所以它有助于对人迅速做出判定，增强人们在沟通中的适应性。但刻板规则的消极影响也是明显的，它会阻碍人们对新特性的熟悉，使人容易僵化、保守，造成认知上的偏差，如同戴上了有色眼镜去看人。

厚脸皮规则：
学会尊重身边的每一个人

厚脸皮规则是指人由于后天长期得不到别人的尊重，久而久之，其羞耻感会逐渐降低，变得对别人的不尊重行为习以为常。其实，脸皮就像手心的肉，如果经常磨它，它就容易形成茧子，以后再磨下去，感觉也就不敏锐了。

心理学告诉我们，每个人天生都是有自尊和羞耻感的。即便是婴儿，从 6 个月大的时候，也能识别“好脸”“坏脸”。大人逗他笑，给他好脸，他会笑；大人横眉竖眼，大声吆喝，他马上会哭。可见人都有自尊，一个人只有得到别人的尊重，他才会有羞耻感，脸皮才薄。

厚脸皮规则广泛表现在孩子的教育问题上。无论是当父母的，还是当老师的，如果对孩子不是以鼓励为主，而是无视孩子的自尊，动辄就当众辱骂、训斥，日久天长，孩子的心灵就会受到伤害，留下阴影，就会视辱骂、训斥为“家常便饭”，不再脸红，不再害羞，也就变成了“厚脸皮”的人。那时候，你再想教育他，也不像先前那么容易了。在学校里，我们会发现，经常挨批评的孩子反而经常犯错，甚至屡教不改；而那些极少受批评的学生，受到了一次批评，会难为情、内疚好几天，从而不再犯类似的错误。

厚脸皮规则同样表现在企业管理中。比如，一位员工不小心犯了错误，领导当着全公司所有人的面对他严厉指责，而且领导见他一次说他一次，同事也一直在他耳边提醒他，导致他颜面尽失，工作起来诚惶诚恐，不断地出错。后来，他对自己也无所谓了，领导的警告成了耳旁风，同事们的善意提醒对他来说也成了家常便饭。试想，如果领导能够顾及他的面子，同事们能够尊重他，不经常揭他的短，而是给予他理解和信任；他在吸取教训后努力工作，就可能成为一个优秀的员工，而不是一个厚脸皮的人。

同样，人和人之间的相互指责也要小心厚脸皮规则的影响。恋爱的男女在刚谈恋爱时，情人眼里出西施，看到的都是对方的优点。一旦步入婚姻的殿堂，日子不像以前那么浪漫了，取而代之是油盐酱醋的琐事，于是动辄为一点小事吵架，甚至后来升级为大吵大闹，都觉得对方的变化真大啊，已经不是以前那个自己深爱的人了。

其实这样的恶性循环之所以出现，就是因为两个人之间缺少足够的耐心和理解对方的心胸，他们没有发现交流的艺术，不知道沟通的重要性。最后俩人潜意识里都抱着破罐子破摔的想法，反正他（她）也不珍惜，根本就不用做出一副谦谦君子或是温婉贤淑的样子。于是脸皮越来越厚，对交流、沟通中的障碍越来越满不在乎。

厚脸皮规则告诉我们在日常生活中，要学会尊重身边的每一个人。只有自己首先尊重了他人，才会赢得他人更多的尊重，才能避免厚脸皮规则带来的消极影响。

同群规则：近朱者赤，近墨者黑

同群规则就是中国古语所谓“近朱者赤，近墨者黑”。它反映了人们在做选择时，其并非单独面对一个选择来做出自己的最优化决策，而是会受到周围同样地位人群的影响，从而使自身的行为和行为结果发生变化。

哈佛大学经济学教授 Camhne Hoxby 于 2000 年在《美国经济评论》上发表论文，通过以一个地区的河流数量为工具变量进行分析得出这样一个结论：河流越多——即学区越多，公立学校竞争越激烈的地区，教育质量越高。这一论点的提出在美国引发了广泛而激烈的争议，同时，也引起了美国共和党的强烈兴趣，并以此为基础，提出“需要对美国基础教育进行重大改革”的政策，做为其竞选口号之一。Hoxby 本人也受到美国政府的聘请，参与到与美国教育改革相关的经济政策研究中来。

对于同群规则的生活再现研究，要注意一个人所受到的影响不止来源于他的同群者们。举例来说，重点中学的学生考上名牌大学的概率高，但不一定是因为重点中学的学生都很优秀，有良好的同群规则，还可能因为重点中学本身的硬件设施较好，老师水平较高，或者因为学生在进入重点中学前要通过考试筛选，学生本人的成绩就很好等，只有在排除了这些影响后，才能证明同群规则的作用。

同群规则在人际关系上的生活再现很简单，一个人所交往的朋友，会影响自己本身的言行举止。以学校为例，在一个班级里，每一个学生不仅通过知识溢出，即向同学解答问题和在课堂上回答老师提问等来影响他的同学，同时他们的行为也会影响到班级的氛围：一个不遵守纪律的学生可能直接影响他的同学，也可能使得老师不得不花上更多的时间来整顿纪律，从而减少了老师传授知识的时间，因此间接地使他的同学受到影响。又如在宿舍中，一个学生的不良嗜好，如吸烟、酗酒等，已被证明会影响到他舍友的学业成绩，而这种影响，既可能是因为这些行为影响了学习环境，也可能是影响了对方的行为习惯。同样地，学生能力、性别、种族以及家庭收入等都可以成为同群规则的影响方式：能力较差的学生将占用老师更多的时间，不同性别和种族之间的紧张关系会干扰到正常的学习，较高家庭收入的学生父母可能购买更多的教育资源，并扩散到他的同学；此外，同群规则也可以通过老师或行政管理人员对待学生的方式产生作用。

同群规则给我们两个启示：“近朱者赤，近墨者黑。”我们要打造自己的优质人脉网；二是人在面对选择时，会受到周围同群人的影响，从而使自己的选择结果发生改变。所以，在我们做重要的选择时，我们应该独立思考进行最优的选择。

攀比规则：
做人要善待自己，不用自我为难

攀比规则是指一项产品、服务或身份开始比较容易获得，逐渐形成一种趋势，这时，这些东西对个人不一定很有用，但人们会纷纷购买。这些东西一旦推广到某个爆发点，则会更加快速地发展。

攀比心理产生大概有以下的原因：

1. 受教育经历以及家庭背景

父母的思维习惯往往在很大程度上造成对孩子的影响，如果父母喜欢和其他人比较，并且时常抱怨自己过得不好的话，那么孩子在多数时候会出现这样的行为习惯。此外，受教育的背景也是一方面原因，通常知识储备越丰富的个体看待事物的角度会更加丰富，也就能够更好地从整体上把握自己的人生。

2. 嫉妒心作祟

嫉妒心强的人往往喜欢和其他人进行比较，甚至在行为上表现出令人不齿的行径。

3. 贪婪、不满足

欲望可以使人进步，但欲望也能将一个人的灵魂吞噬。适当的欲望可以让我们更加积极地前进，但是过度的欲望就会演变为贪婪，表现为总是不满足，拥有了还要拥有更多。

4. 自卑、懦弱等性格所致

自卑和懦弱的性格往往会让你觉得自己不如别人，甚至在你和其他人能力旗鼓相当的时候也会怀疑自己，从而觉得别人总是比自己过得好。

人际交往中常会出现攀比现象，比利益的差异、比身份的差异、比名誉的差异。一般来说人与人的差异小时、相对公平时的攀比会减弱；如果人与人的差异过大，攀比的可能性也会缩小。只有旗鼓相当，实力差距不大时，攀比的可能性会加大。

攀比有一种积极效应。一个科室的员工、一个公司的同事、一个班组的成员、一个班里的学生和战士，在工作、学习、交际能力上互相攀比，往往会发现自己的不足，看到别人的长处，从而增强"镜子"的作用，促进个人社会化进程。在许多情境中，个体由于认知不足，或情况不熟悉等，必须从他人的行为中寻求参照系统，此时的攀比多具有积极意义。

还有一种消极攀比规则，是出自自卑心理和虚荣心理。几个男人间攀比自己的轿车档次、别墅豪华程度、行政职务高低、经济收入多少；几个学生攀比父母的职位、富有程度、谁穿的名牌服装多。要面子的心理必然导致消极攀比。

再有一种消极攀比是从众心理的驱使。周围环境中大家都这样做，为了和群体保持一致，不妨"随大流"，一方面不脱离群体行为准则，另一方面不致使群体对自己产生压力。这种自愿从众的特点，虽然与社会成员之间的沟通、交往会十分顺畅，有利于适应社会环境，但难免掺杂攀比的成分。

矫正歪曲的攀比心理，应从以下几点做起：

1. 心态平和

人生是一个短暂而漫长的过程，在这个过程中每个人所拥有和承受的喜怒哀乐、爱恨情仇都是平等的。这既是自然赋予生命的规律，也是生活赋予人生的规律，只不过每个人享用、消受的方式不同，有的人先苦后甜，有的人先甜后苦。世间没有永远的赢家，也没有永远的输家。所以要心态平和地面对人生的起伏。

2. 不能总是这山望着那山高

就像寓言“吃草的驴”所说的：一头驴饿了，走到一个干草垛前打算吃一些干草。它刚要低下头用餐，却发现旁边的另一垛干草似乎比较大。等它走到那垛干草前，回过头来看一看，发现还是原来那垛干草比较大。这头驴就这样在两垛干草之间走来走去。最后饿死了。其实呢？两垛干草原本是一样大的！

3. 享受自己拥有的，摒弃不合理的比较

一个心理健全的人，对金钱、地位等应该抱有积极的态度，想得开，放得下，朝前看，才能从琐事的纠缠中超脱出来。

4. 不卑不亢

攀比，是一件不必太在乎的事情，与其事事攀比、裹足不前，还不如走自己的路，让攀比埋葬在路边吧！

攀比的双重效应提示我们，积极的内容完全可以攀比，它有利于长志气，弃旧图新；消极的攀比是不可取的，它只能滋长人们的虚荣心，甚至嫉妒、嫉恨心理，会导致心灵的扭曲和资源浪费的不良后果。消极攀比是一种不成熟的心理状态，是缺乏人格独立性的表现。

第四章

婚恋中的规则

婚恋是一门艺术，更是一种技巧，因此，恋爱结婚也有一套不可违背的规则。掌握并懂得运用这种规则，才能使得有情人终成眷属，才能让夫妻间的幸福甜蜜细水长流，恩爱一生。

边际规则：
并非越有钱越幸福

边际规则，有时也称为边际贡献，是指在最小的成本的条件下达到最大的经济利润。如果后一单位的效用与前一单位的效用相比，大则是边际效用递增，反之则为边际效用递减。

有这样一个很生动的例子：当你肚子很饿的时候，给你一个馒头你会很开心，吃了很舒服。但当你吃了很多个馒头后，感觉已经很饱了，再给你一个馒头，那时候这个馒头跟开头那个馒头给你的感觉已经完全两样。那么，你吃了几个馒头才是感觉最好的时候，这就是边际规则最大化的时候，超过这个点，边际规则开始降低。

一个家庭要生活得快乐惬意，离不开坚实的经济基础，特别是在当今“钱不是万能的，没有钱却是万万不能”的社会结构下。于是，为了家庭的幸福，两人开始在外边打拼，早出晚归、加班加点成了家常便饭。最终，辛苦得到了回报，日子开始富裕了，车有了，房有了，却突然觉得在得到舒适生活的同时在不断地丢失着一些更宝贵的东西——家庭的温暖和团聚的时间。在家的时间越来越少，一家人在一起吃饭的日子屈指可数。这个时候，甚至回想起以前的穷日子，至少那时候一家人可以经常在一起。这时或许会想：“钱，并不是最重要的，只要日子过得舒适了就行，一家人在一起才是最幸福的！”

到了这个时候，钱的边际规则已经开始降低，那么什么时候是边际规则最大化的时候呢？凡事有度，只有在金钱和亲情之间达到平衡，才是边际规则最大化的时候。

边际规则在婚姻中有这样一个体现：人要在工作与家庭这个关系中达到边际规则最高值，才是最快乐幸福的，就算不达到最高，起码要在两者之间找个恰当的平衡点。

麦穗规则：
要清楚什么是自己想要的

虽然在数不清的麦穗中寻找最大的几乎是不可能的，而且所谓最大的往往也是要在错过之后才能知道，但如果在调查研究的基础上果断出手，这样即使不能选择到最大的麦穗，但离最大的一定也差不太多。这就是“麦穗规则”。

有一天，柏拉图问老师苏格拉底什么是爱情？老师就让他先到麦田里去，摘一颗全麦田里最大最金黄的麦穗来，只能摘一次，并且只可向前走，不能回头。柏拉图于是按照老师说的去做了。结果他两手空空的走出了田地。老师问他为什么摘不到？他说：因为只能摘一次，又不能走回头路，期间即使见到最大最金黄的，因为不知前面是否有更好的，所以没有摘；走到前面时，又发觉总不及之前见到的好，原来最大最金黄的麦穗早已错过了。于是我什么也没摘。老师说：这就是“爱情”。

人生就正如穿越麦田和树林，只走一次，不能回头。要找到属于自己的最好的麦穗和大树，你必须要有莫大的勇气和付出相当的努力。

如果用采撷麦穗象征选择婚姻对象的话，每个人都只有一次选择机会，要想拥有最完美的婚姻，就不能盲目草率地做决定，否则只会让你日后悔恨；而犹豫不定，又会错过一次次机会，最后也是空留余恨。只有在青春感性中保持理性，随着阅历的积累，了解到自己真正需要的是什么，再去选择真正适合自己的人生伴侣，得到幸福的概率就会大一些。

柏拉图的故事告诉我们要珍惜爱情，否则到头来一无所有，终了一生。不过也要切忌矫枉过正，为了珍惜而珍惜。有时人会在明知一段感情已经无法挽回的情况下，依然坚持守着这棵“麦穗”，因为在他们看来这样才是专情，才算得上珍惜感情，否则自己当初的海誓山盟、真情付出又算什么呢？然而他们却忘记了这麦田之中还有千千万万的“麦穗”等着他/她去邂逅，而下一颗真正合她/他心意的麦穗或许就隐身其中。

麦穗的故事同样告诉我们，人生中有很多颗又大又好的“麦穗”，错失一颗并没关系，只要你在遇到下一颗时懂得珍惜就好。然而假如你因为依然念念不忘曾经错失的那颗麦穗，而将其他麦穗视若无物，觉得这样才算是珍惜，那你就大错特错了，因为到最后你错过的将不仅是那颗又大又好的麦穗，而是麦田里所有又大又好的“麦穗”，虽然其原因从表面上看与柏拉图恰恰相反，但实际上这才是真正的不珍惜。

其实，在寻找真爱的过程中，错过一次并不可怕，可怕的是一而再、再而三地错过，或者因为错过一次，而拒绝再次寻找。眼前的事物固然值得珍惜，但是感情不是一个人愿意珍惜就可以维系的，一旦已经不可挽回，与其抱着一颗不属于你的麦穗不放，不如收拾心情重新投入到寻找下一颗麦穗的旅途中。也许人生的转折就在一个拐角。

贝勃规则：理性地对待一切

贝勃规则是一个社会心理学效应，指的是当人经历强烈的刺激后，之后施予的刺激对他来说也就变得微不足道。

有人做过这样一个实验：一个人右手举着300克的砝码，这时在其左手上放305克的砝码，他并不会觉得有多少差别，直到左手砝码的重量加至306克时才会觉得有些重。如果右手举着600克，这时左手上的重量要达到612克才能感觉到重了。也就是说，原来的砝码越重，后来就必须加更大的量才能感觉到差别。这种现象被称为“贝勃规则”。

在情人节时，一位意大利的心理学家曾在两对具有大体相同的成长背景、年龄阶段和交往过程的恋人当中，做了这样一个送玫瑰花的实验。

心理学家让其中一对恋人中的男孩，每个周末都给自己心爱的姑娘送一束红玫瑰；而让另一对恋人中的男孩，只在情人节那一天向自己心爱的姑娘送去一束红玫瑰。

由于两个男孩的送花频率和时机不同，导致了结果的截然不同。那个在每个周末收到红玫瑰的姑娘，表现得相当平静。尽管没有大的不满意，但她还是忍不住说了一句：“我看到别人送给自己女友大把的‘蓝色妖姬’，比这普通的红玫瑰漂亮多了，心里真是很羡慕！”而那个平日没收过红玫瑰的姑娘，当手捧着男朋友送来的红玫瑰花时，表现出了被呵护、被关爱的极度甜蜜，随后竟然旁若无人、欣喜若狂地与男友紧紧拥吻在一起。

有些人总抱怨恋人对自己不如刚认识时那么好了，其实这也是贝勃规则在作怪。在还不熟悉的情况下，对方给你的一点点关怀你都会觉得情深似海，而当你们相恋许久之后，相同的那些关爱，你也会觉得平淡如水了。

我们对家人的关爱习以为常，而陌生人的一点帮助，却使我们感激不已。这便是“贝勃规则”在操作我们的感觉。对于亲人，我们对他们的关爱习以为常，而且期望值很高。有时他们少了一丝关爱，我们甚至会恶言相向。对于陌生人，我们没有抱着多大的期望，因此，他们的一点点帮助，我们都感动不已。

我们的感觉很敏感，但也有惰性，也会蒙骗我们的眼睛。所以，在生活中，对于陌生人的帮助，我们应当报以感谢。对于家人的帮助，我们更应该报以更大的感恩——珍惜我们身边的亲人朋友吧！

姆佩巴规则：
无论开始与结束，都要趁热而行

人们通常都会认为，一杯冷水和一杯热水同时放入冰箱时，冷水结冰快。其实，在低温环境中，热水比冷水结冰快，此为姆佩巴规则。

所谓的姆佩巴规则，指的是20世纪60年代，一位名叫姆佩巴的坦桑尼亚中学生，在热牛奶里加了糖，准备放进冰箱里做冰激凌，为了赶在同学前面，他不等牛奶凉掉就放进冰箱，结果，他的那杯牛奶已经凝固，可别的同学用冷牛奶做的却还没结冰。后来，这一发现被物理学界命名为“姆佩巴规则”。

在情感领域，一男子与一女子谈恋爱，全身心投入，但整个态势是他爱得如火如荼，她却始终若即若离。看他备受煎熬，朋友都劝他放弃，并一针见血地跟他说，你们的感情是不对等的，你没有得到相同的回应，这样的恋爱是不可靠的。可他屡屡发狠劲想了断，但屡屡不能自拔。大家还是劝他，他说，实在放不下，只能说服自己慢慢冷却，一点一点来，一下子冻结不了。眼见一年过去，他还在慢慢冷却的过程中，没完没了，痛苦也随之越来越深。一个好朋友实在忍不住了，朝他骂开了：你知道吗，慢动作不符合这个时代的节奏，慢慢冷却是玩味痛苦，是自虐！赶紧将你所把玩、所热衷、所割舍不了的一切，统统放进冰箱里，不要怕热着冷不下来，因为热着才更容易冰冻。他不解地问朋友，这是什么道理？朋友告诉他，这叫“爱情姆佩巴”。

一日，他终于被那女子告知，她对这场恋爱的总体感觉是犹如鸡肋，而某日遇到某人后，她一见钟情，现在便要抽身而去。他痛不欲生，问这是怎么回事，朋友告诉他，这也是“爱情姆佩巴”——其实，无论开始与结束，都要趁热而行。在处理一段感情时要当断即断，无需慢慢冷却，也无需等对方先行，再热也要扔到冰窟里，让它迅速冰封冻结。

调味品规则：

为爱情营造温馨的港湾

调味品规则是指在人际交往心理学中，人们说的那些看似废话的语言就是一种“调味品”，起到了增加人们心理交融作用的现象。

调味品主要有几方面的作用：

1. 调味品的调味作用

顾名思义，调味品是起调味作用的。它能把各种味道整合好，配置好，发挥 1+1>2 的作用。

2. 调味品的润滑作用

调味品具有润滑剂的作用，它能使大家产生欢笑，而这种欢笑恰似一种解除沉闷气氛的润滑剂和清凉剂，使以后的人际关系更为圆滑、顺畅。

3. 调味品的煽情作用

调味品能对整个局面加以左右。因此，别小看调味品，它有时能调节整个方向。

夫妻之间的“调味品”不是只有语言，除此之外还包括夫妻之间所有进行交流的行为。

例如，当丈夫一边吹着口哨一边洗碗，这就意味着他在告诉妻子自己很快乐，并不讨厌洗涮的活儿。当家里来了客人，丈夫在客人面前搂搂忙碌的妻子的肩头，这就是丈夫以特有的方式对妻子招待客人的辛苦表示感谢，同时也是表现自己有一个夫妻恩爱的幸福家庭；而做妻子的就会对丈夫报以微笑，这也代表妻子表示自己很高兴给别人带来欢乐，即便自己忙点累点也没关系。虽然这种“调味品”的话语行为只在瞬间完成，但却寓意深长。伴侣经常会使用非口语形式的“调味品”技巧来辅助双方的调剂，如，指肢体语言，抚摸、碰触、拥抱等；或者一同散步、一道去买东西，或忙中偷闲，喝杯茶、聊聊天等等行为，都可以起到“调味品”的目的。

我们也可以寻找一种固定的“调味品”来调剂，也就是定期进行平等的夫妻对话。其实现代社会夫妻平等，在社会中工作都很忙，回到家里还要忙家务，带孩子，侍奉老人，这花费了夫妻的大部分业余时间，忙完后已经筋疲力尽了，也懒于说话聊天，可能就会因为妻子唠叨抱怨，丈夫感到又累又烦，最后引发一场争吵，弄得鸡飞狗跳孩子叫，要么冷着脸好几天互不理睬，这种压抑烦躁的心情大大影响了夫妻感情。

因此，我们要找一种固定的调味品，根据心理医生的建议，夫妻可以每个月抽出一天，例如每月的最后一个星期六，把这一天定为固定的“调味品”日。这一天可以放下所有的事，把孩子送到老人家，然后夫妻俩一起出去走走，比如，恋爱时常去的公园，心平气和地交谈，这时可以毫不遮掩地数落对方，可以脸红脖子粗地痛痛快快吵上一架。这种吵架会让彼此都感觉轻松，好像卸下了包袱，好像夏天暴风雨之后的雨过天晴。在这个忙碌而紧张的社会中，夫妻间的“调味品”交流非常重要。

我们经常见到一些夫妻的感情基础很好，但他们在相互交流上出现了很多问题，影响了彼此的关系。从这点可以看出，美满婚姻需要有良好的“调味品”。

这种“调味品”，可以通过相互的言语交谈，使双方了解彼此的思想、情感和意向，消除误会，共同生活。夫妻俩白天都紧张而认真地忙于工作，回家后如果也是像上班那样过于正经地说话，那么家庭就不会有朝气活力。“调味品”是一种艺术，夫妻可以从良好的“调味品”中获得无穷无尽的乐趣，使家庭成为快乐和舒心的港湾。

罗密欧与朱丽叶规则：
不要强行禁止，而要循循善诱

罗密欧与朱丽叶相爱，由于双方世仇，他们的爱情遭到了极力阻碍。但压迫并没有使他们分手，反而使他们爱得更深，直到殉情。这样的现象我们叫它“罗密欧与朱丽叶规则”。就是当出现干扰恋爱双方爱情关系的外在力量时，恋爱双方的情感反而会加强，恋爱关系也因此更加牢固。

美国社会心理学家布莱姆在一个实验中，让一名测试者面临A与B两个选择，在低压力条件下，另一个人告诉他“我们选择的是A”，在高压力条件下另一个人告诉他“我认为我们两个人都应该选择A”。结果，低压力条件下测试者实际选择A的比例为70%，而在高压力条件下，只有40%的测试选择A。可见，一种选择，如果是自愿的，人们会倾向于增加对所选择对象的喜欢程度，而当选择是被强迫的时候，便会降低对选择对象的好感。

这种情形不仅发生在男女的爱情之间，也会发生在许多地方。对于越难获得的事物，在人们的心目中地位越重要，价值也会越高。学者们尝试以阻抗理论来解释这种现象，他们指出当人们的自由受到限制时，会产生不愉快的感觉，而从事被禁止的行为反而可以消除这种不悦。所以才会发生当别人命令我们不得做什么事时，我们却会反其道而行的现象。

因此，当恋爱双方被强迫作出某种选择时，会产生高度的心理抗拒，这种心态会促使他们作出相反的选择，甚至会增加对自己所选择的事物的喜欢程度。生活中我们常能听到这样的事例：某对恋爱的青年，尽管遭到父母的竭力反对、亲友的百般阻挠，两人非但没有终止恋爱关系，反而更亲密，有的甚至以自杀来对抗。

另一种解释是从维持认知平衡的角度来说的。一般情况下，人们对自己行为的解释都是从内外两方面去寻找理由，当外在理由消失后，人们就会从内部去寻找依托，反之亦然。恋爱双方渴望接近对方等行为，可以解释为由于双方内在的情感因素和外在亲人朋友的支持。当亲人采取简单否定的态度时，便削弱了恋爱的外在理由，这导致恋爱者的认知出现了不平衡，于是他们只好把内在的情感因素升级以解释自己爱恋对方的行为，使自己的认知重新处于平衡状态。这便是中学生在异性交往中易把友情当恋情的重要原因之一。

因为好奇心和个性的互补，在异性交往中，交往双方更容易获得满足感。但当许多老师、父母对中学生的异性交往都疑神疑鬼，甚至明确反对时，这就使交往者把满足感解释为双方的依恋，从而误认为自己已经坠入爱河。

恋爱男女和他们的家人都应该从罗密欧与朱丽叶规则中得到启示。对于青年男女来说，自由恋爱固然是值得称道的，但父母的反对肯定也有一定的道理，不妨理性地与父母亲交流一下看法，而不是把恋爱建立在“逆反”“抗拒”“维护自尊”“满足好奇”上，恋爱更重要的是建立在共同的感情基础之上。

家长在说服教育时，一定要注意方法，不要强行禁止，采取

“高压政策”，而要循循善诱，晓之以理，动之以情，因势利导，切忌动辄不分青红皂白地批评、训斥、打骂，甚至当着众人的面羞辱他们，这极容易产生罗密欧与朱丽叶规则，使事情向相反的方向发展。

移情规则：
爱他，就要接受他周围的一切

移情规则是指人们在对对象形成深刻印象时，当时的情绪状态会影响他对对象今后及其关系者（人或物）的评价的一种心理倾向，即把对特定对象的情感迁移到与该对象相关的人或事物上，引起对他人的同类心理的效应。

我国古代早就有的“爱人者，兼其屋上之乌”之说，就是移情规则的典型表现。意思是说，因为爱一个人而连带爱他屋上的乌鸦。后人以“爱屋及乌”形容人们爱某人之深情，心理学中把这种对特定对象的情感迁移到与该对象相关的人或事物上来的现象称为“移情规则”。

心理学研究表明，不仅爱的情感会产生“移情规则”，恨的情感、嫌恶的情感、嫉妒的情感等也会产生移情规则。中国封建社会，皇帝可以因一人犯罪而株连九族，其恨可谓泛。人都是有七情六欲的，所以人和人之间最容易产生情感方面的好恶，并由此产生移情规则。

移情规则在日常生活中常常表现为“人情效应”，即以人为情感对象而迁移到相关事物的效应。比如，喜欢交际的人经常会说，“朋友的朋友也是我的朋友”，这是把对朋友的情感迁移到相关的人身上；仗义行侠的“勇士”也表示“为朋友两肋插刀”，这就是把对朋友的情感迁移到相关的事上去；许多人珍藏去世的亲朋好友的遗物，这是把对去世者的情感迁移到相关的物上。

据说蹴鞠是高俅发明的，他的球踢得很好，皇帝从喜爱蹴鞠到喜爱高俅，最后高俅成了皇帝的宠臣；在中国历史上，“以酒会友”“以文会友”都是美谈，因为都爱喝酒和都爱舞文弄墨，不相识的人以酒以文为桥梁建立了友谊；喜欢喝茶的人会对别人送来的茶具感兴趣，也许以后自己也会去收集各种茶具，成为茶具收藏家甚至茶具制作家；有些女同志对抽烟深恶痛绝，因而对所有抽烟的男子都抱有成见，即使从未见某人抽过烟而仅仅是听说也会对这人的品行妄加评说。

爱情中，是移情规则表现最明显的地方，两个人恋爱，很多时候都会因为爱对方而爱其周边的朋友亲人，如果违背了移情规则，往往两个人的恋爱就会出现问题。小王和张丽谈恋爱，一天，张丽要带小王回家见见自己的父母，小王答应去了，但见了张丽的父母，小王觉得张丽的母亲很唠叨，所以之后就不想再和张丽一起回家。张丽知道了小王的想法后，决定和小王分手，两个曾经恩爱的情侣就这样分开了。小王不知道自己到底有什么不对，实际上，他的错就在于他不知道爱屋及乌的道理——如果两个人相爱，你就要接受他周围的一切。

移情规则是一种心理定势，在生活中，我们要理解顺应这一规则，这样你在恋爱、婚姻、家庭中就和谐、美满、幸福了。

刺猬规则：距离产生美

刺猬规则指的是人际交往中的“心理距离规则”。在管理实践中运用刺猬规则，其实就是领导者想要搞好工作，就应该和下属保持亲密关系，但这是一种“亲密有间”的关系，是一种不远不近而恰当的合作关系。

有两只困倦的刺猬，因为寒冷而拥在一起。但因为各自身上都长着刺，所以它们离开了一段距离，但还是因为冷得受不了，于是又凑到一起。经过几番折腾，两只刺猬最终找到一个合适的距离：既能互相获得对方的温暖还不会被对方扎到。

如果与下属保持心理距离，就可以避免下属的防备和紧张，并且可以减少下属对自己的恭维、奉承、送礼、行贿等行为，这样既可以防止与下属称兄道弟、吃喝不分，还可以获得下属的尊重，最终保证在工作中不丧失原则。一个优秀的领导者和管理者的成功之道就是，要做到“疏者密之，密者疏之”。

刺猬规则被法国总统戴高乐运用得很熟练。他有一个座右铭：“保持一定的距离！”这个座右铭深刻地影响了他和顾问、智囊和参谋们之间的关系。在他十多年的总统岁月里，秘书处、办公厅和私人参谋部等顾问和智囊机构，所有的人的工作年限几乎都不能超过两年以上。每个新上任的办公厅主任来的时候，戴高乐总是说：“我使用你两年，正如人们不能以参谋部的工作做为自己的职业，你也不能以办公厅主任做为自己的职业。”这就是戴高乐的规定。

这一规定出于两方面原因：一是在他看来，调动是正常的，而固定是不正常的。这是受部队做法的影响，因为军队是流动的，没有始终固定在一个地方的军队。二是他不想让“这些人”变成他“离不开的人”。这个规则就表明戴高乐是个靠自己的思维和决断而这生存的领袖，他不容许身边有永远离不开的人。所以，也只有调动，才能保持一定距离，而只有保持一定的距离，才能保证顾问和参谋的思维和决断具有新鲜感和充满朝气，这样就可以杜绝年长日久的顾问和参谋们利用总统和政府的名义而营私舞弊。

戴高乐的这种做法令人深思和敬佩。没有距离感，领导决策过分依赖秘书或某几个人，就很容易使智囊人员干政，进而使这些人假借领导名义，谋一己之私利，最后拉领导干部下水，这种后果是很危险的。从这两种情形来比较，还是保持一定的距离好。

通用电气公司的前总裁斯通在工作中就很注意身体力行运用刺猬规则，尤其在对待中高层管理者上更是如此。在工作场合和待遇问题上，斯通从不吝啬对管理者们的关爱，但在工作之后的业余时间，他从不要求管理人员到家做客，也从不接受他们的邀请。正是这种保持适度距离的管理，使通用的各项业务能够芝麻开花节节高。

与员工保持一定的距离，既不会使你高高在上，也不会使你与员工互相混淆身份。这是管理的一种最佳状态。距离的保持靠一定的原则来维持，这种原则对所有人都一视同仁：既可以约束领导者自己，也可以约束员工。掌握了这个原则，也就掌握了成功管理的秘诀。

职场中的规则

职场是人生的演绎。因此，职场是残酷的，有时甚至是黑暗的，要想在其中生存发展，就需要深刻地解读它的游戏规则。只有悟透职场中的各种规则，才能在职场中处理好人际关系，才能顺风顺水。

德尼摩规则：选择最适合自己的位置

“德尼摩”规则由英国管理学家德尼摩提出。即凡事都应有一个可安置的所在，一切都应在它该在的地方。知人善任才能成就事业。

研究表明，一个人事业有成，其工作一般要符合这几个条件：符合自己的价值观，适合自己的个性与气质，工作中能让自己看到未来发展的前途。达到了这几个标准，人们就愿意全力以赴地投入到工作当中去；达不到这个标准，人们就会倾向于懈怠。

德尼摩规则告诉我们，每个人，每样东西，都有一个它最适合的位置。在这个位置上，它能发挥它最大的功效。对于个人来说，德尼摩规则要求我们应选择自己最适合最有能力的奋斗目标，这样才可能激发我们的热情和积极性，然后为之而奋斗。即“选择你所爱的，爱你所选择的”。

汽车大王福特能取得成功，得益于能根据不同人才的特点和愿望，为他们找到最合适的位置，与通过人员的合理配置，形成了人才的互补效应的做法密切关联的。

广告设计师佩尔蒂埃在产品的营销方面有相当的天赋，福特发现了这一点，让他负责 T 型汽车的营销策划，果然取得了巨大的成功。

德国人埃姆不仅身怀绝技，而且善于用兵遣将，福特给予他平台，让其施展自己的抱负。这使埃姆身边聚集了许多精兵强将。如：公司的“外部眼睛”摩根那，是公司的采购员。他有一种天赋的鉴赏机器设备的能力，只要到同行竞争对手的供应场上看一遍，就可以发现哪些是新的设备，然后回来向埃姆描述一番，过不了多久，仿制或加以改进的新机器便在福特汽车厂里出现了。“检验员”韦德罗更是一位精明强干的机器设备检验专家，他专门负责向埃姆汇报安装的自动机床试车的情况。

拥有这些得力助手的埃姆，对福特公司做出了巨大的贡献。埃姆发明的新式自动专用机床，其中的自动多维钢钻，可以从四个方向加工，同时在汽缸缸体上钻出 45 个孔，当时世界上任何机床公司都未能提供这样出色的设备。埃姆被公认为是在汽车工业革命方面贡献最大的人。所有这些成绩的取得，都得益于福特对埃姆的知人善任，为他施展自己的才能提供了足够的空间，让他感觉到了巨大的成就感。

由于每个人都能找到在公司的最适当位置，福特公司生产面貌焕然一新，到 1925 年 10 月 30 日，福特甚至创造了 10 秒钟出一辆汽车的世界纪录，使福特公司达到了登峰造极的地步，为当时的同行所望尘莫及。

拥有了人才，就拥有源源不断的财富。有了人才，还要善于使用人才，为人才找到最合适发挥自己才能的位置和机会。只有这样，才能使他们获得一种满足感和成就感，产生一种对企业认同的向心力。满足了人才的需要，你就能从他们身上得到更多。

木桶规则：
补上你的短板

木桶规则是由美国管理学家彼得提出的，又称短板理论，木桶短板管理理论，指的是，一个木桶由许多块木板组成，如果组成木桶的这些木板长短不一，那么这个木桶的最大容量不取决于长的木板，而取决于最短的那块木板。

木桶理论告诉我们：任何一个组织，可能面临的一个共同问题，即构成组织的各个部分往往是优劣不齐的，而劣势部分往往决定整个组织的水平。“木桶规则”还有两个推论：其一，只有桶壁上的所有木板都足够高，那木桶才能盛满水。其二，只要这个木桶里有一块不够高度，木桶里的水就不可能是满的。

华讯公司有一个员工，由于专业不太对口，与主管的关系也不太好，一直觉得怀才不遇，工作的积极性也不高。刚巧，摩托罗拉公司需要从华讯借调一名技术人员去协助他们搞市场服务。于是，华讯的总经理在经过深思熟虑后，决定派这位员工去。这位员工很高兴，觉得终于有自己施展的舞台了。去之前，总经理只对那位员工简单交代了几句：“出去工作，既代表公司，也代表你个人。怎样做，不用我教。如果觉得顶不住了，打个电话回来。”

一个月后，摩托罗拉公司打来电话：“你派出的兵还真棒！”

“我还有更好的呢！”华讯的总经理在不忘推销公司的同时，着实松了一口气。这位员工回来后，部门主管也对他另眼相看，他自己也增添了自信。后来，这位员工对华讯的发展做出了不小的贡献。

华讯的例子表明，注意对“短木板”的激励，可以使“短木板”慢慢变长，从而提高企业的总体实力。其实，不能够把“长木板”和“短木板”简单地对立起来。每一个人都有自己的“长木板”，与其不分青红皂白地赶他出局，不如发挥他的长处，把他放在适合他的位置上。这样，整个木桶就能盛更多的水。

在一个团队里，决定这个团队战斗力强弱的不是那个能力最强、表现最好的人，而恰恰是那个能力最弱、表现最差的落后者。因为，最短的木板在对最长的木板起着限制和制约作用，决定着这个团队的战斗力，影响着这个团队的综合实力。

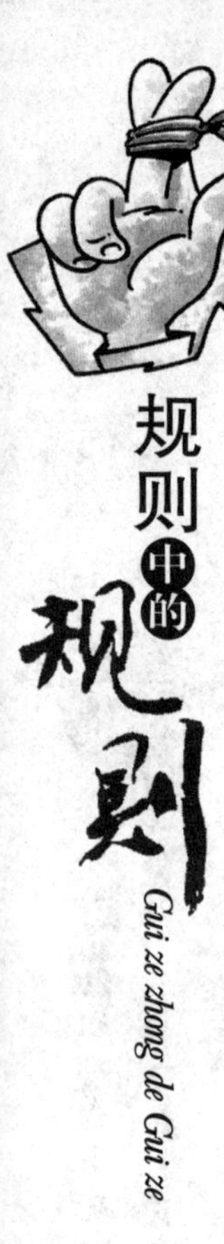

鸟笼规则：
及时清理虚设的岗位

鸟笼规则是一个著名的心理现象，是近代杰出的心理学家詹姆斯发现的。这个规则指的是：当一个人买了一个空的鸟笼放在自己家的客厅里，在一段时间之后，他一般会丢掉这个鸟笼或者去买一只鸟放进鸟笼来养。

1907 年，著名心理学家詹姆斯和物理学家卡尔森从哈佛大学退休了。一天，他们俩打了一个赌。詹姆斯说："老伙计，我一定会让你不久就养上一只鸟的。"卡尔森笑着摇头说："我不信！因为我从来就没有想过要去养一只鸟。"没过几天，是卡尔森的生日，詹姆斯于是送给他一样礼物——一只精致的鸟笼。卡尔森笑纳了，并强调说："我只当它是一件精美的工艺品。"不过从那天以后，每次有客人到家里做客，看到卡尔森书桌上那个精致的、空荡荡的鸟笼，便会问："教授，您养的鸟什么时候死了？"卡尔森只好一次次耐心地解释道："我从来就没有养过鸟。"虽然态度很诚恳，但客人的目光却分明透露出不信任。最后出于无奈，卡尔森只好买了一只鸟。这就是詹姆斯著名的鸟笼规则。

这个道理很简单：当这个主人买回鸟笼，可能并没想过要养鸟。但即使这个主人长期对着空鸟笼并不别扭，但每次来访的客人都会很惊讶地问这个空鸟笼是怎么回事，或者把怪异的目光投向空鸟笼，每次如此。于是，最后导致主人无法忍受每次都要进行解释的麻烦，于是就会发生主人丢掉鸟笼或者买只鸟回来相配的现象。同样，“鸟笼规则”也被称为“空花瓶规则”。一个女孩的男朋友送给她一束花，她很高兴，特意让妈妈从家里带来一只水晶花瓶，结果为了不让这个花瓶空着，女孩的男朋友就必须隔几天就送花给她。当然这是鸟笼规则的一种甜蜜的体现。

鸟笼规则运用于企业里可以说明很多问题，从整体来说，它可以说明企业的战略应该和能力相匹配，很多时候应该“顺势而为”，企业有什么样的能力，什么样的资源，往往决定企业的战略大方向。有时在一个企业里有很完整的架构：总裁、执行总裁、常务副总裁。根据职能分析，这里面的执行总裁基本上是一个“空着的鸟笼”，只是由于历史原因一直保留着这个位置，在进行了大的整改后，这个位子空了出来，提高了工作效率。

企业的战略方案必须和企业的能力、资源基础相配合，否则看上去很美的战略计划实际是不可能落实的空谈，所以我们要善于发现企业中存在的类似问题，比如组织结构中是不是有虚设的岗位等等，让企业尽量少地存在空鸟笼位置。

热炉规则：
适度运用惩罚制度

热炉规则又称惩处规则，它认为在规章制度面前人人平等。罪与罚能相符，法与治可相期。

每个单位都有规章制度，单位中的任何人触犯规章制度都要受到惩处。热炉规则形象地阐述了惩处原则：

★热炉火红，不用手去摸也知道炉子是热的，是会灼伤人的——警告性原则。领导者要经常对下属进行规章制度教育，以警告或劝诫不要触犯规章制度，否则会受到惩处。

★每当你碰到热炉，肯定会被火灼伤——一致性原则。“说”和“做”是一致的，说到就会做到。也就是说只要触犯单位的规章制度，就一定会受到惩处。

★当你碰到热炉时，立即就会被灼伤——即时性原则。惩处必须在错误行为发生后立即进行，决不能拖泥带水，决不能有时间差，以便达到使犯错人及时改正错误行为的目的。

★不管是谁碰到热炉，都会被灼伤——公平性原则。不论是管理者还是下属，只要触犯单位的规章制度，都要受到惩处。在单位规章制度面前人人平等。

春秋时期，齐国著名军事家孙武携《孙子兵法》拜谒吴王阖闾。

吴王为试其才，要求其现场操练，孙武允诺。吴王再问："用妇女来操练可否？"孙武说然。

吴王遂召集 180 名宫女。孙武将其分为两队，令其每人持长戟，并用吴王最宠爱的两个妃子为队长。队伍站好后，孙武说："我说前，你们就看前方，说左就看左边，说右就看右边，说后就看后面。"众人曰是。

孙武使人搬出铁钺(古时刑具)，三番五次向她们申诫。说完便击鼓发出向右转的号令。谁知众女兵不但没有依令行动，反而哈哈大笑。孙武说："是我解释得不够明白，命令得不到执行，是指挥官的责任。"于是把前面的"规则"又详细说了一遍。当他再次发出"左"的命令时，宫女们还是笑着不动。这次孙武不再自责，道："解释、交代得不清楚是将官的责任，交代清楚而不服从命令就是队长和士兵的过错。"遂命令左右把队长推下行刑。

吴王大惊："且慢，她们是我的爱妃，请不要杀她们。"孙武答："我既受命为将军，将在军中，君命有所不受。"最终坚持把吴王的两名宠妃"正法"，又命两位排头的为队长。这时，大家无论是向前向后，向左向右，甚至跪下起立等复杂的动作都认真操练，再不敢儿戏。吴王阖闾遂拜孙武为大将，伐楚降齐，霸于诸侯，成为当时的强国。

为了让公司在市场竞争中长期站稳脚跟，希望集团所制定的基本方法是"严厉和宽容"。他们的治厂方针是："用钢铁般的纪律治厂，以慈母般的关怀善待员工。"这种严厉指的是，执行规章制度不允许搞下不为例，不允许打折扣。曾经有人给希望集团的总裁陈育新提出建议，希望将"严厉"改为"严格"，但却遭到一向从善如流的陈育新的拒绝。他认为，只有将严格上升到严厉的程度才能表达出他"钢铁般"的本意。

希望集团所说的严厉体现在制度的制定、执行和检查上。希望集团美好食品公司在数年前，还是一个连年亏损几百万元的公司，

规则中的规则 Gui ze zhong de Gui ze

当公司直接由陈育新掌管后，第一年就转亏为盈，之后连年赢利以千万元计，显示出强劲的发展势头。靠什么？总经理杜诚斌道出其中的真谛，靠员工“十不准”的戒规。这些戒规条款几近于苛刻，但正是严格执行戒条才使员工形成了良好的工作习惯，保证了公司高效率运转。

严厉体现胆识，宽容体现胸怀。但严厉要体现公平，通过严厉不但可以消除不良的现象，保证公司的高效率运行，而且还可以发现人才，造就人才。但宽容的前提是企业领导人的头脑必须是清醒的，糊涂的宽容非但达不到既定目标，还会对违反规章制度的行为造成包庇和纵容。所以，公司必须让员工明白，宽容是有限度的，并且宽容只会发生在提高认识之后。陈育新强调，他 18 年的企业管理经验证明：在严厉的基础上所施行的宽容效果是最好的，在宽容之后的严厉才更有力度。

海尔集团有个规定，所有员工走路都必须靠右，在离开座位的时候则需要将椅子推进桌洞里，否则，都将被罚款。在实践中，海尔也是这样做的。

在奥克斯集团的各项纪律中，有一项规定是开会时不得有手机铃声，若违反，每记铃声罚款 50 元。在奥克斯集团内，无论大会小会，都不会受手机铃声的干扰，即使是刚进奥克斯的新人也知道必须养成这样的良好习惯，绝不触犯。

这些企业之所以做这样的规定，用意无非是希望全体员工在心目中形成一种强烈的观念：制度和纪律是一个不可触摸的“热炉”。惩罚制度毕竟是手段而不是目的，使用过滥就会适得其反。企业制订和推行惩罚制度，关键是要遵循公开、公正、公平、公心的原则，并从技能培训、企业文化建设和建立科学的奖惩机制入手，使员工心悦诚服，勇于认错。这样的话，热炉给员工的就不仅仅是烫，而且会有温暖的感觉了。

霍布森选择规则：
打破思维的自我僵化，扩大选择的空间

对某种没有选择余地的所谓“选择”，被称为“霍布森选择规则”。霍布森选择是一个小选择，是一个假选择，大同小异的选择就是假选择。

1631年，英国剑桥商人霍布森从事马匹生意，他说，你们买我的马，租我的马，随你的便，价格都便宜。霍布森的马圈大大的，马匹多多的，然而马圈只有一个小门，高头大马出不去，能出来的都是瘦马、赖马、小马，来买马的左挑右选，不是瘦的，就是赖的。霍布森只允许人们在马圈的出口处选。大家挑来挑去，自以为完成了满意的选择，最后的结果可想而知——只是一个低级的决策结果，其实质是小选择、假选择、形式主义的选择。人们自以为做了选择，而实际上思维和选择的空间是很小的。有了这种思维的自我僵化，当然不会有创新，所以它是一个陷阱。

从社会心理学的角度来说，“霍布森选择规则”显然是社会角色扮演者的一大忌讳。谁如果陷入“霍布森选择规则”的困境，谁就不可能进行创造性的学习、生活和工作。道理很简单：好与坏、优与劣，都是在对比中发现的，只有拟定出一定数量和质量的可能方案供对比选择，判断、决策才能做到合理。一个人在进行判断、

决策的时候，他必须在多种可供选择的方案中决定取舍。如果一种判断只需要说“是”或“不”的话，这能算是判断吗？只有在许多可供选择的方案中进行研究，并能够在对其了解的基础上判断，才算得上判断。在我们还没有考虑各种可供选择的方法之前，我们的思想是闭塞的。倘若只有一个方案，就无法对比，也就难以辨认其优劣。因此，没有选择余地的选择，就等于无法判断，等于扼杀创造。在这里，生活的辩证法正如一句格言所说的：“如果你感到似乎只有一条路可走，那很可能这一条路就是走不通的。”

“感到似乎只有一条路可走”的情况，在某些人的学习、生活和工作过程中，恐怕并不鲜见。为什么会陷入这种“霍布森选择规则”的困境之中呢？这与思维的“封闭性”和“趋同性”是不无关系的。所谓思维的封闭性，就是看不到客观世界、环境系统的开放性。这种封闭性又必然带来“趋同性”，它规定了人的思维活动总是朝着单向选择性进行，不去寻找新的视角，开辟其他可能存在的认识途径。这种封闭性和趋同性的思维方式，在心理上长期积淀，就会造成选择和实施创造决策之心理上的封闭意识和趋同意识结构，结果，就使自己在整个创造过程中，失去了属于个体自身的自由活力和创造精神。于是，“霍布森选择规则”也就翩然而至了。

没有选择的余地就等于扼杀前途。一个人选择了什么样的环境，就选择了什么样的生活，想要改变就必须有更大的选择空间。

共生规则：
你的单位是1+1>2的组织吗

自然界有这样一种现象：当一株植物单独生长的时候，显得矮小，单调，而与众多同类植物一起生长的时候，则根深叶茂，生机盎然。植物界这种相互影响、相互促进的现象，被称之为“共生规则”。

最早对共生现象和理论进行研究的是一位生物学家，1879年德国真菌学家德贝里首先提出了共生概念。一百多年来，在科学研究和社会经济都取得了巨大进步和发展的今天，对于“共生”现象和理论研究已由生物学领域逐渐渗入和延伸到社会学、管理学等诸多领域，并已初见成效。事实上，人类群体中也存在“共生规则”。即共生系统中的任一个成员都因这个系统而获得比单独生存更多的利益，即所谓“1+1>2”的共生现象。

人才的“共生规则”有两方面含义：一是指引入一个杰出的人才，可以使四方的贤才纷至沓来，进而逐渐形成人才群体，这是以人才引人才、挖掘人才的一条规则。认识和运用这条规则，可以为组织赢得巨大的效益。二是指在一个人才荟萃的群体中，人才之间的互相交流、信息传递、互相影响往往会极大地促进人才与群体的提高。因此，群体的组织者应当充分地运用并不断强化“共生规则”，形成一个吸引人才、利于人才成长并脱颖而出的群体。如英国的卡迪文实验室从1901年至1982年先后出现了25位诺贝尔获奖者，这便是“共生规则”作用的一个典型；美国贝尔实验室也有多位科学家获得诺贝尔奖。我们从中可以得到这样一个启迪：组织的领导者应充分利用并不断强化人才间的共生规则，形成一个吸引人才、利于人才成长并能脱颖而出的群体。

共生规则表现在企业中，是指企业所有的成员通过某种互利机制，有机组合在一起，共同生存发展。连锁经营在某种程度上也属于一种共生现象，连锁经营能够产生共生效应，即产生出新的能量——连锁共生能量，使连锁经营的生存能力和扩张能力得以提高，从而使经济效益提高以及经营规模扩大，取得1+1>2的效果，这是连锁经营快速发展的根本原因。

英国大文豪萧伯纳曾经说过：“倘若你手中有一个苹果，我手中有一个苹果，彼此交换一下，那么你我手中仍然各有一个苹果；但倘若你有一种思想，我有一种思想，我们彼此交换一下，那么各人都将有两种思想了。”植物界需要共生规则，我们人类同样需要。

彼得规则：与其勉力支撑，不如找个游刃有余的岗位

彼得规则是管理学家劳伦斯·彼得根据千百个有关组织中不能胜任的失败实例分析归纳出来的。其具体内容是：“在一个等级制度中，每个职工趋向于上升到他所不能胜任的地位。”

彼得指出，每一个职工由于在原有职位上表现好，就将被提升到更高一级职位；其后，如果继续胜任则将进一步被提升，直至到达他所不能胜任的职位。由此彼得推论出：“每一个职位最终都将被一个不能胜任其工作的职工所占据。”每一个职工最终都将达到彼得高地，在该处他的提升可能为零。至于如何提升到这个高地，有两种方法。其一，是上面的“拉动”，即依靠裙带关系和熟人等从上面拉；其二，是自我的“推动”，即自我训练和进步等，而前者是被普遍采用的。

彼得认为，由于彼得规则的推出，使他“无意间”创设了一门新的科学——层级组织学。该科学是解开所有阶层制度之谜的钥匙，因此也是了解整个文明结构的关键所在。凡是置身于商业、工业、政治、行政、军事、宗教、教育各界的每个人都和层级组织息息相关，亦都受彼得规则的控制。

人们总是以为官当得越大越好，可是仔细观察，这种盲目往上爬的牺牲者比比皆是。

为了便于分析，我们把员工分成三级：胜任、适度胜任以及不胜任。

克雷曼是安泰汽修公司的杰出技师，他非常喜爱自己的职业，因此，当公司有意调升他做行政工作时，他很想予以回绝。克雷曼的太太艾玛，她鼓励先生接受升迁机会。如果克雷曼升官，全家的社会地位、经济能力也会更上一层。如此一来她就有能力换部新车，添购新装，还可以为儿子买辆摩托车了。克雷曼虽然并不喜欢办公室里枯燥乏味的工作，但在太太的劝服之下，他终于屈服了。升任6个月之后，克雷曼经常加班加点，工作时间冗长不堪，但却毫无成就感。巨大的心理压力导致他下班回家后脾气暴躁，还得了胃溃疡。由于彼此不停的指责和争吵，克雷曼夫妇的婚姻彻底失败了。

另外一个相反的例子是这样的。哈里斯是克雷曼的同事，他也是安泰公司的优秀技师，而且老板也打算提升他。哈里斯的太太利莎非常了解先生很喜欢目前的工作，他一定不愿意花更多的时间坐办公室，负更多责任。利莎没有强迫哈里斯去做一个他不喜欢的工作。因此，哈里斯继续当一名技师，将胃溃疡留给克雷曼独享。哈里斯一直保持开朗的个性，在社区里是个广受欢迎的人物，工作之余，他还担任社区里青年团体的领袖。哈里斯的老板知道他是公司不可或缺的宝贵资产，所以为他提供了优厚的红利、稳定的工作，于是，哈里斯买了一辆新车，为莉莎添购新装，也为儿子买了一辆自行车和一副棒球手套。哈里斯一家过着舒适美满的家庭生活，他们夫妇幸福的婚姻令亲朋好友非常羡慕。这些其实正是克雷曼太太梦寐以求的理想。

对个人而言，虽然我们每个人都期待着不停的升职，但不要将往上爬做为自己的唯一动力。与其在一个无法完全胜任的岗位勉力支撑，无所适从，还不如找一个自己能游刃有余的岗位好好发挥自己的专长。

自断经脉规则：
成长永远比每个月拿多少钱重要

生命是一个历程，是一个整体，成长的过程中，不能太过于在乎一时的得失，而忘记了成长的过程才是最重要的，要为以后的路留有余地，这就是自断经脉规则。

一棵苹果树，终于结果了。第一年，它结了10个苹果，9个被拿走，自己得到1个。对此，苹果树愤愤不平，于是自断经脉，拒绝成长。第二年，它结了5个苹果，4个被拿走，自己得到1个。“哈哈，去年我得到了10%，今年得到20%！翻了一番。”这棵苹果树心理平衡了。

但是，它还可以这样：继续成长。譬如，第二年，它结了100个果子，被拿走90个，自己得到10个。很可能，它被拿走99个，自己得到1个。但没关系，它还可以继续成长，第三年结1000个果子……

这就是自断经脉规则，想打破这个规则，关键在于要认识到，得到多少果子不是最重要的。最重要的是，苹果树在成长！等苹果树长成参天大树的时候，那些曾阻碍它成长的力量都会微弱到可以忽略。不要太在乎果子，成长是最重要的。

好好反省一下，你是不是一个自断经脉的打工族？刚开始工作的时候，你才华横溢，意气风发，相信“天生我才必有用”。但现实教育了你，或许，你为单位埋头苦干没得到奖励还落得埋怨；或许你的好心换得的是同事的白眼和嫉妒……总之，你觉得就像那棵苹果树，结出的果子自己只享受到了很小一部分，与你的期望相差甚远。于是，你愤怒，你懊恼，你委屈……最终，你决定不再那么努力，让自己的所做与所得相匹配。几年过去后，你一反省，发现现在的你，已经没有刚工作时的激情和才华了。“老了，成熟了。”我们习惯这样自嘲。但实质是，你已停止成长了。

其实，这样的故事，在我们身边比比皆是。之所以犯这种错误，是因为我们忘记生命是一个历程，是一个整体，我们觉得自己已经成长过了，现在是到该结果子的时候了。我们太过于在乎一时的得失，而忘记了成长才是最重要的。好在，我们随时可以放弃这样做，继续走向成长之路。

如果你是一个打工族，遇到了不懂管理的上司、庸俗的同事或企业文化，那么，提醒自己一下，千万不要因为激愤和满腹牢骚而自断经脉。不论遇到什么事情，都要做一棵永远成长的苹果树，因为你的成长永远比每个月拿多少钱重要。

倒金字塔规则：
自动自发是最好的管理

倒金字塔管理法最早由瑞典的北欧航空公司（SAS）总裁杨·卡尔松提出，“倒金字塔”管理法的主要方法是：让员工承担责任，这样可以释放出隐藏在他们体内的能量。

20世纪70年代末，石油危机造成世界范围内的航空业不景气，瑞典的北欧航空公司也不例外，每年亏损2000万美元，公司濒于倒闭。在这个危机时刻，一位朝气蓬勃、极具领导才能的年轻人——杨·卡尔松受命于危难之中，担任了北欧航空公司的总裁。卡尔松利用3个月时间，在仔细研究了公司的状况后，向所有员工宣布，他要实行一个全新的管理方法。他给它起名字叫“Pyramid Upside Down”，简称叫倒金字塔管理法。

卡尔松认为：

“人人都想知道并感觉到他是别人需要的人。”

“人人都希望被做为个体来对待。”

“给予一些人以承担责任的自由，可以释放出隐藏在他们体内的能量。”

“任何不了解情况的人是不能承担责任的；反之，任何了解情况的人是不能回避责任的。”

结果，实行新管理法一年后，北欧航空公司赢利 5400 万美元。这一奇迹在欧洲、美洲等广为传颂。

美国商人佩提这天要乘飞机从斯德哥尔摩到巴黎参加地区会议。当佩提先生到达机场后，一摸口袋，吓了一跳，发现没带飞机票。世界上各个国家的航空公司规定都是一样的，没有机票是不能够办理登机手续的。正在这个时候，SAS 公司的一位小姐款款走来说："Can I help you？"佩提着急地说你帮不了，可是小姐还是笑眯眯地说，您说出来或许我能帮助你。佩提说我没带飞机票，丢在饭店了。没想到小姐说：这事很好办。小姐给了他一张纸条，让他拿着先去办登机手续，剩下的事情由她来处理。佩提先生到了登机的地方很顺利办好手续，拿到了登机卡，过了安检，到了候机厅。当飞机还有十分钟就要起飞的时候，刚才那位小姐把他的机票交给了他，佩提先生一看果然是自己落在饭店的机票。那么小姐是怎么把机票拿到的呢？她拨通了饭店的电话后是这样说的："请问是 XX 饭店吧，请你们到 411 号房间看看是否有一张写着佩提先生名字的飞机票，如果有的话，请你们用最快的速度用专车送往阿兰德机场，一切费用由 SAS 公司支付。"是什么力量使她这样做呢？就是"倒金字塔"管理法，因为它把权力充分地赋予了一线工作人员。

"倒金字塔"管理法改变了传统的上令下行的管理方式，其核心就是人人都要承担责任，可以对分内的事情做出决定，不必事事上报。而总裁只负责对政策的执行进行观察、监督、推进。其目的是让每个员工可以自由发挥，释放自己的工作热情。这样就会使自己甚至是整个企业的工作效率大大提高。

蘑菇管理规则：做人需要虚怀若谷

蘑菇管理规则是许多组织对待初出茅庐者的一种管理方法，初学者被置于阴暗的角落（不受重视的部门，或打杂跑腿的工作），浇上一头大粪（无端的批评、指责、代人受过），任其自生自灭（得不到必要的指导和提携）。

蘑菇管理规则这一说法是来自 20 世纪 70 年代一批年轻的电脑程序员的创意。由于当时许多人不理解他们的工作，持怀疑和轻视的态度，所以年轻的电脑程序员就经常自嘲“像蘑菇一样的生活”。

对每个职场新人来说，如何高效率地走过人生的这一段，从中尽可能汲取经验，成熟起来，并树立良好的值得信赖的个人形象，是不可回避、必须面对的课题。蘑菇很形象，其实不仅是做新人，做人都需要谦虚。虚怀若谷，总是很能令人欣喜的。

卡莉·费奥丽娜从斯坦福大学法学院毕业后，第一份工作是在一家地产经纪公司做接线员，她每天的工作就是接电话、打字、复印、整理文件。尽管父母和朋友都表示支持她的选择，但很明显这并不是一个斯坦福毕业生应有的本分。她毫无怨言，在简单的工作中积极学习。一次偶然的机会，几个经纪人问她是否还愿意干点什么，于是她得到了一次撰写文稿的机会，就是这一次，她的人生从此改变。这位卡莉·费奥丽娜就是现在的惠普公司的CEO。

一个组织，一般对新进的人员都是一视同仁，从起薪到工作都不会有大的差别。无论你是多么优秀的人才，在刚开始的时候都只能从最简单的事情做起，“蘑菇”的经历对于成长中的年轻人来说，就像蚕茧，是羽化前必须经历的一步。

安泰规则：
众人拾柴火焰高

安泰规则指的是一旦脱离相应的条件就失去某种能力的现象。因此，要学会依靠大家、依靠集体去解决问题。

安泰规则源自古希腊神话，有一个大力神叫安泰，他是海神波塞冬与地神盖娅的儿子，他力大无比，百战百胜。但却有一个致命的弱点，那就是他一旦离开大地，离开母亲的滋养，就会失去一切力量。他的对手刺探到了这个秘密，便设计让他离开大地，把他高高举起，在空中把他杀了。后来，人们把一旦脱离相应条件就失去某种能力的现象称为“安泰规则”。

没有群众的支持，任何事物都是软弱无力的。水失鱼，尤为水；鱼无水，不成鱼。学生失去了班集体，生活和学习因孤立无助而事倍功半；老师失去了学生的拥护和支持，能力再强也会马上变得软弱无力；员工失去了老板，再强的能力也无处发挥；老板失去了员工，再多的金钱也完不成工作；伯乐和千里马，少了谁，都不可能发挥出真正的作用。因此，要学会依靠大家，依靠集体，“我为人人”才有可能“人人为我”。失去了力量的源泉，能力再强，都终有失败的时候。

常言说得好：“众人拾柴火焰高”“众人划桨才能开大船”。这也是“安泰规则”给我们的启示。我们每个人都是生长在大地上的一株小草，离开了大地，就将失去了力量和源泉，就将枯萎，纵有“力拔山兮气盖世”的能耐，也终有失败的时候。

强手规则：
明智而果敢地运用权力

强手规则是由法国组织行为学家G·斯达特那提出的，它指的是，运用权力要明智和果敢，这是做一个领导最为重要的两个方面。

现在给你个机会去问一个公司领导，说：给你一个爱搬弄是非的下属你烦不烦？那么这个领导给你的答案是肯定的：烦！但对于一些领导可能不仅烦，而且很害怕，他怕那个爱拨弄是非的下属让他下不了台，让他威信扫地，让他工作做不好，如果这样的话，领导就会在他的上司面前直不起腰。

其实每个领导的手下，都会有几个爱捣乱的下属。他们的存在就好像是为了考验领导的能力，结果有些领导果真被考住了，竟然对这些下属不知如何对付，可能表现出来的就是畏畏缩缩不敢管教，或者为了满足这些下属的无理要求而亏待另一部分下属。这两种办法，都是不明智的，而且注定会导致失败。这种失败的领导，当然也就被证明是不合格的。

管理是调和、解决复杂人事关系的烦琐工作，每个人都有自己的个性，特别是那些常常爱挑拨离间、惹是生非的下属更是令人头痛，难以管理。但如果你想使员工之间形成良好和谐的人际关系和工作环境，就必须要解决这些问题下属，否则他们会在公司制造是非，致使员工人心涣散，工作杂乱。

对于爱捣乱下属，需要特殊的方法对待，而且还需要格外的注意，因为这些人天生具有潜在的或实际的破坏能力。他们可以破坏人与人之间的友好关系，他们能在任何团体中制造混乱。而且，想成为一个合格的领导，面对爱捣乱的下属你绝对不能畏惧、退缩。

在你准备管教那些爱捣乱的下属之前，先要把他们和其他安分守己的下属区别开来，鉴别谁才是给你制造麻烦的人，然后才能考虑去对付他们。首先，也是最重要的一点，你应该知道怎样确定一个人是否是一个可能造成麻烦的人。

不管别人对一个人有什么说法，为了确定一个人是不是难以管理的人，你只需回答一个问题：这个人能不能给你造成某种麻烦或者损害？如果能，他就是一个有问题的人，你就应该想办法改变这种潜在的威胁。如果他不能造成任何损害或是带来任何麻烦，不管他的外观是什么样，也不管他的穿戴是什么样，更不用管他有什么个人习惯，对你来说他绝对不会是一个有问题的人，对于这种人你也用不着操太多的心。

当你理解了什么是有问题的人这个简单的概念以后，实际上你也就掌握了对付有问题的人的具体办法，甚至你在处理这方面的事情时要比在各个企业中专门从事管理工作的人还要高明得多。爱捣乱的下属并不都是流里流气，不修边幅，对此你一定要留意。

那些爱捣乱的下属，对领导手中的权力总是虎视眈眈，想方设法让领导为难。这时，作为领导，你必须抓住属于自己的权力线！抓住权力线之后，你才有可能反戈一击，制服那些爱捣乱的下属。

奥格威规则：
善用强人，才能成就伟业

奥格威规则是由美国奥格威·马瑟公司总裁奥格威提出的，指的是：如果公司里的领导雇佣比自己更强的人，公司就能成为巨人公司。

在一次董事会上，广告业的创始人奥格威在每位与会者的桌子上都放了一个玩具娃娃，然后说："大家都打开看看吧，那就是你们自己！"在场的董事们很吃惊，疑惑地打开了自己面前的玩具包装，一个更小的同类型玩具展现在眼前。接下来依然如此。当他们打开最后一层时，发现玩具娃娃身上有一张纸条，那是奥格威送给他们的，上面写道：你要是永远都只任用比自己水平差的人，那么我们的公司就会沦为侏儒；你要是敢于启用比自己水平高的人，我们就会成长为巨人公司！这就是奥格威规则的来源。

美国的钢铁大王卡耐基的墓碑上刻着："这里躺着的是一个知道怎样跟那些比他更聪明的属下相处的人。"之所以卡耐基能够成为钢铁大王，并不是因为他本人有什么了不起的能力，而是因为他敢用比自己强的人，并善于发现发掘并发挥他们的长处。

齐瓦勃本来只是卡耐基钢铁公司下属布拉德钢铁厂的一位工程师，当卡耐基知道了齐瓦勃有超人的工作热情和杰出的管理才能之后，马上提拔他当上了布拉德钢铁厂的厂长。正因为有了齐瓦勃管理下的这个工厂，卡耐基才敢说："什么时候我想占领市场，市场就是我的。因为我能造出又便宜又好的钢材。"几年后，表现出众的齐瓦勃又被卡耐基任命为钢铁公司的董事长，成为卡耐基钢铁公司的灵魂人物。

齐瓦勃担任董事长的第七年，当时控制着美国铁路命脉的大财阀摩根，提出与卡耐基联合经营钢铁。一天，卡耐基递给齐瓦勃一份清单说："按上面的条件，你去与摩根谈联合的事宜。"齐瓦勃接过来看了看，对卡耐基说："你有最后的决定权，但我想告诉你，按这些条件去谈，摩根肯定乐于接受，但你将损失一大笔钱。看来你对这件事没有我调查得详细。"经过分析，卡耐基承认自己过高地估计了摩根，于是全权委托齐瓦勃与摩根谈判，终于取得了对卡耐基有绝对优势的联合条件。

卡耐基曾说过："把我的厂房、机器、资金全部拿走，只要留下我的人，4 年以后又是一个钢铁大王。"靠什么？靠用人！到 20 世纪初，卡耐基钢铁公司已成为世界上最大的钢铁企业。它拥有 2 万多员工以及世界上最先进的设备，它的年产量超过了英国全国的钢铁产量，它的年收益额达 4000 万美元。卡耐基是公司的最大股东，但他并不担任董事长、总经理之类的职务。他的成功在很大程度上取决于他任用了一批懂技术、懂管理的人才。

华尔街的大富豪 P•摩根也是一位敢用强过自己的人做为左膀右臂的典范。比摩根小 10 岁的萨缪尔•斯宾塞是个土生土长的南方美国人，十分精明强干。大学毕业后，斯宾塞进入巴尔的摩－俄亥俄铁路公司。由于他非凡的才能，立即担任了总裁室的特别助理，此后平步青云，不久，被提升为副总裁。恰巧此时，这条铁路由于赤字濒临破产，斯宾塞受命负责使这条铁路起死回生，他的卓越管理才能在这一过程中得到了最充分的发挥。

很快，作为公司财产主要接管人的摩根就发现了斯宾塞在经营与管理方面的过人之处，他觉得斯宾塞在某些方面甚至超过了自己。对于求才若渴的摩根来说，最大爱好是发现人才、任用人才，因此他绝不会放过任何一个人才。由于很欣赏斯宾塞的才华，摩根擢升他为总裁，而斯宾塞也没有辜负摩根的一番美意，顺利地负责偿还了800万美元的债务。因此，更加博得摩根的青睐，斯宾塞最终成为摩根的左膀右臂之一。

如果想让公司充满生机活力，就必须选贤任能，雇请一流人才。只有雇用一流的人才，才能造就一流的公司。其实敢用比自己强的能人不仅是一个人的肚量问题，也是信心与能力的问题。楚汉相争中，不会打仗的刘邦能得天下，是因为他有张良的谋略，萧何的内助，韩信的善战；卖草鞋的刘备能在三国鼎立中独占一席，是因为三顾茅庐请得诸葛亮出山相助。对一个企业领导者来说，只要能知人善任，企业就不愁不发展壮大。

过度理由规则：激励是一种策略，更是一种艺术

过度理由规则是指，每个人都企图让自己和别人的行为看起来合理，于是就会为自己的行为寻找合理的理由辩解，一旦找到了足够的理由，就很少再去深思自己的行为是对还是错。

1971年，德西和他的助手做了一个实验，证明了过度理由规则的存在。他以大学生为实验者，请他们分别单独解决测量智力的问题。

这个实验分成三个阶段：第一阶段，每个实验者都自己解题，不给任何奖励；第二阶段，实验者被分为两组，A组的实验者在解决一个问题之后就会得到1美元的报酬，B组则不给；第三阶段，自由休息时间，实验者想做什么就做什么，目的是考察接受实验的这些人是否维持对解题的兴趣。

实验结果表明，没有奖励的一组休息的时候仍然继续解题，而奖励的那组虽然在给报酬的时候十分努力地解题，但在不能获得报酬的休息时间里，明显地失去了解题的兴趣。A组的金钱奖励，做为外加的过度理由，造成明显的过度理由规则，使A组的测试者用获取奖励来解释自己解题的行为，从而使自己原来对解题本身有兴趣的态度出现了变质。到了第三阶段，奖励一旦失去，对态度

已经改变的那些实验者，没有奖励的时候就没有继续解题的理由，而B组测试的人对解题的兴趣，没有受到过度理由规则的损害，因而，第三阶段仍继续维持着对解题的热情。

表扬、鼓励和信任，往往能激发一个人的自尊心和上进心。但奖励的原则应是精神奖励重于物质奖励，否则易造成“为钱而工作”的心态。同时奖励要抓住时机，掌握分寸，不断升华。在给予恰当物质奖励的同时，还必须让职员认为他自己勤奋，上进，喜欢这份工作，喜欢这家公司，而不能简单地把工作与待遇挂钩。

走近互联网巨头Google公司的总部，人们会发现这里丝毫没有大公司那种紧张严肃的气氛，所有的员工看上去都很放松。他们享受着许多公司不具有的特别待遇，比如可以在公司里接受免费的按摩，可以打乒乓球、游泳或者到一间冰淇淋吧里去小憩一会儿，还可以免费吃到由大厨用有机原料做的饭菜。不仅如此，雇员们还被鼓励将其五分之一的工作时间用于任何形式的户外活动。这种休闲，甚至散漫的工作状态，在一些批评者看来是网络泡沫经济的显著表现，但Google却正是靠着这种方式，成功地将一批年轻的技术精英凝聚起来，并使其能量得到最大限度的释放，从而为公司赚得大把钞票。

激励是一种策略，更是一种艺术，它应包括精神上的沐浴，而不是单纯的物质刺激。要想使一个人持续不断地努力，应该激发其内在的动力，而不能只靠外在奖励。

第六章

商场中的规则

商场如战场，古人上战场，要遵循天时、地利、人和等规律，而如今要想雄霸商场，也需要遵循一定的自然法则。无规矩不成方圆，遵守规则才能成方成圆，才能运筹帷幄，做到百战而不殆。

王永庆规则：

赚钱要依赖别人，节省只取决于自己

节省一元钱等于净赚一元钱。这是台湾企业界的“精神领袖”台塑总裁王永庆提出的，这个原则也被称为“王永庆规则”。

在现实生活中，我们大多时候看重的是财富的创造，对于节俭似乎并不注意，有时候甚至认为这是小家子气。殊不知，节俭也是理财的一部分。学会了节俭每一分不必花费的钱，你就学会了创造财富和运用财富。

一次，盖茨和一位朋友同车前往希尔顿饭店开会，由于去晚了，找不到车位。他的朋友建议把车停在饭店的贵宾车位，盖茨不同意。原因很简单，贵宾车位要多付 12 美元的停车费，盖茨认为那是“超值收费”。盖茨认为：无论有多少钱，花钱像炒菜一样，要恰到好处。盐少了，菜就会淡而无味，盐放多了，菜就会苦咸难咽。哪怕只是几元钱甚至几分钱，也要让每一分钱都发挥出最大的效益。盖茨说，一个人只有当他用好了他的每一分钱，才能做到事业有成，生活幸福。

美国知名品牌大公司——沃尔玛的成功和知名，离不开它的

"俭"和出手的"阔"。沃尔玛的"俭"是从细节做起的。在公司，如果你没有复印纸，找秘书要，对方一定会轻描淡写地说："地上盒子里有纸，裁一下就行了。"如果你说要打印纸，对方一定会回答道："我们没有专门的复印纸，用的都是废报告的背面。"

沃尔玛的节俭不仅仅针对员工，企业老总坚持率先垂范。沃尔玛的创始人山姆尽管是亿万富翁，但他的节俭习惯却从未改变，没购置过一所豪宅，经常开着自己的旧货车进出小镇，每次理发都只花 5 美元，外出时还经常和别人同住一个房间。

沃尔玛的办公室也都十分的简陋，而且空间狭小，而且，一旦商场进入销售旺季，包括经理在内的所有管理人员全都到销售一线，他们担当起搬运工、安装工、营业员和收银员的角色，以节省人力成本。通常，这样的场景只会发生在一些小型的公司里，而且这种行为常常被人视为"不正规的管理模式"，但在沃尔玛这样的大集团中却司空见惯。

沃尔玛人也有"阔气"的时候。摆"阔"主要体现在兴办公益事业上。山姆·沃尔顿不仅在美国范围内设立了多项奖学金，而且这个"小气鬼"公司还向美国的 5 所大学捐出了数亿美元。

享有"世界第一车"美誉的丰田汽车公司也是"吝啬"得很。从创业初始，丰田公司的老板丰田喜一郎就强调："钱要用在刀刃上……用一流的精神，一流的机器，生产一流的产品。要彻底杜绝各种浪费。"公司有个著名的"三河商法"，其中最重要的一条就是节俭。丰田喜一郎非常讨厌浪费，他说过：搞企业必须要有基础，而这个基础就是要杜绝浪费。他强调，丰田公司的批量生产模式就是要彻底地杜绝浪费，追求汽车制造的合理性。正是因为完美地贯彻了这种"吝啬"精神，丰田汽车公司取得了巨大成功，成为世界汽车行业 6 大巨头之一。

赚钱要依赖别人，节省只取决于自己。许多人都知道节俭可以创造财富，但很少有人能像沃尔玛、丰田那样一以贯之，并且让节俭成为公司的一种经营理念。在创富的道路上，我们听到过许许多多的理念，每一个都有大量的理论支持，但是丰田、沃尔玛却用家庭式的节俭之道创造了巨大的财富。

沃尔森规则：
知己知彼，百战不殆

沃尔森规则是由美国企业家 S·M·沃尔森提出的，指的是把信息和情报放在第一位，金钱就会滚滚而来。

沃尔森规则要求企业要想在变幻莫测的市场竞争中立于不败之地，就必须快速准确地获悉各种情报：市场有什么新的动向？竞争对手有什么新的举措？在获得了这些情报之后，果敢而迅速地采取行动，这样才能取得成功。

孙子云：知己知彼，百战不殆。在与竞争对手的征战中，情报尤为重要。精工表的成功为我们提供了一个绝妙的例子。

20 世纪 60 年代之前，历届奥运会的计时器供应权都被瑞士名表行欧米茄公司垄断。1964 年日本获得了奥运会的主办权，日本精工舍钟表公司看到了这个商机。为了深入了解自己的对手，精工舍派出了一支高素质的“间谍”队伍。他们发现，欧米茄公司的计时器都是机械表模式，误差比较大。精工舍对症下药，在减少计时器的误差上组织攻关，开发误差小的计时器。终于，一部具有世界先进水平的 951 Ⅱ石英表研制出来。这种计时器每天的运行误差只有 0.2 秒，而欧米茄的计时器误差是在 30 秒以上；而且在重量上，951 Ⅱ石英表只有 3 千克，在当时已经算非常轻巧了。

951 Ⅱ石英表的这些优势很快赢得了国际奥委会官员的认同，不久后，他们就做出了将1964年计时器供应权交给精工舍的决定。精工舍终于在与欧米茄计时器的竞争上取得了成功！精工舍的成功得益于对竞争对手的优势和弱点的全面了解。

获取情报固然重要，快速对情报作出反应更重要。日本生产雨伞的小企业尼西奇公司就是一个例子。一次偶然的机会，董事长多博川看到了一份最近的人口普查报告。从人口普查资料获悉，日本每年有250万婴儿出生，他立即就意识到尿布这个小商品有着巨大的潜在市场，再加上广阔的国际市场，潜力是巨大的。于是他立即决定转产大企业不屑一顾的尿布，结果产品畅销全国，走俏世界。如今该公司的尿布销量已经占世界的1/3，多博川本人也因此而成为享誉世界的“尿布大王”。

多博川从一份人口普查报告中察觉到了巨大的商机，从而取得了巨大的成功，这就要得益于他对市场的敏锐观察力和采取相应的对策、及时出击的战略，真正做到了市场变，我也变。

沃尔森规则告诉我们：你能得到多少，往往取决于你能知道多少。不要小看市场上的任何一条信息，每一条信息都是让你获得财富、取得先机的关键。

冰淇淋规则：
危机是困难，也是机会

冰淇淋规则指的是，卖冰淇淋必须从冬天开始，因为冬天的顾客少，会逼迫你降低成本，改善服务。如果在冬天的逆境中能生存，就再也不用害怕夏天的竞争。这是台湾著名的企业家王永庆提出的一条规则。

1945年，王永庆投资塑料业的时候，当时台湾对聚乙烯化合物树脂的需求量少，台塑首期年产是100吨，而台湾的年需求量只有20吨，更何况台湾还有几个加工厂获得了日本人供应的更廉价的聚乙烯化合物树脂。这对台塑打击非常大，几乎面临倒闭。面对这一现实，王永庆经过反复的分析研究，最后决定：继续扩大生产——与其守株待兔，不如勇敢创造市场。只有大量的生产，才能降低成本，压低售价，从而使产品不受地区的限制，吸引更多顾客。

在将台塑产量扩大6倍的同时，王永庆又创办了一个加工台塑产品的公司，就是南亚塑胶工业公司，专为台塑进行下游加工生产。经过不断的摸索和总结，台塑和南亚的业务开始好转，奠定了他在塑料工业中的地位。

冰淇淋做为一款地地道道的夏日凉品，夏季一过，本应该进入

"冬眠"期，然而，在春秋季的时候甚至冬季吃冰淇淋已经成为一种时尚，冰淇淋彻底打破了季节限制，不再只为了解暑而存在，而是转变成为一种全年无休的时尚消费品。

在这一领域做得最好的是哈根达斯。提起哈根达斯，人们想起的很少是清凉等概念，而是优质的生活、美好的爱情和天然、健康、时尚等代表一定生活品质的词汇。可以说，哈根达斯已经不是单纯只销售冰淇淋，而是在销售一种有格调的、对生活品质的定位和向往。

哈根达斯有一句经典的广告词：爱我，就请我吃哈根达斯。这个广告借用了这样一个概念：爱情没有季节，爱情永不过时，代表着爱情的冰淇淋也不会过季。它没有特意强调产品的口味，也没有大玩文字游戏，只是借用人类之间永恒的话题——爱情，就抓住了所有正在享受爱情、追求爱情、向往爱情的男男女女的心，当然还包括他们的钱包。

经济不景气的时候也是充满机会的时期。经济萧条的时候，大多数人都偃旗息鼓了，其实这正是探索机会的理想时机。当经济再度复苏的时候，敢于把握冷门机遇的企业将能获取比以往更多的机会。

快鱼规则：
反应速度决定着企业的命运

当今的市场竞争不是大鱼吃小鱼，而是快鱼吃慢鱼，这就是快鱼规则。这个规则是美国思科公司总裁约翰·钱伯斯总结出来的，他在谈到新经济的规律的时候说，现代竞争已“不是大鱼吃小鱼，而是快的吃慢的”。

有两个人在树林里过夜，早上的时候，树林里突然跑出一头大黑熊来，两个人中的一个忙着穿球鞋，另一个人对他说：“你把球鞋穿上有什么用，我们反正又跑不过熊！”忙着穿球鞋的人说：“我不是要跑得快过熊，我是要跑得快过你。”

故事听起来有点无情，但竞争就是如此残酷。因为，我们所面对的世界，是一个充满了变数并且竞争非常激烈的世界，跑得快不快，很可能成为决定成功与失败的关键。

如今的市场竞争异常激烈，市场风云瞬息万变，市场信息的传播速度大大加快。谁能抢先一步获得信息，抢先一步做出对策，谁就能捷足先登，独占商机。因此，在这“快者为王”的时代，速度已经成为企业的基本生存法则。企业对市场的反应速度决定着企业的命运，只有能够迅速应对市场的企业，才能成为市场竞争中的佼佼者。

快鱼规则在商战中同样适用。在当今市场经济的激烈竞争中，几乎所有的经营型、服务型企业都在用尽全身的解数抢占市场，扩大销量。

在看似风平浪静的大海里，大鱼吃小鱼，在信息社会的市场竞争中，却是不论大小，有时是“大鱼吃小鱼”，即大企业兼并小企业，有时是“小鱼吃大鱼”，即通过资本动作等方法实现小企业吞并大企业。要实现快鱼吃慢鱼，首先是要学会快，其次就是要学会吃。

Modell 体育用品公司的 CEO 默德在一次圆桌会议上重复了钱伯斯的这句话，他对参加会议的 CEO 们说：想要在以变制胜的竞赛中脱颖而出，速度是关键。正如非洲大草原上的动物一样，当他们一开始迎着太阳奔跑时，狮子知道如果它跑不过羚羊，它就会饿死。而羚羊也知道，如果自己跑不过速度最快的狮子，它就必然会，被吃掉。

快鱼规则告诉我们，在这个经济飞速发展的时代，没有人会等着你，只有你自己把握机遇，争取时间，你才能先于他人挣得一桶金，你才能在市场中生存。

零和游戏规则：
双赢才是硬道理

零和游戏规则认为：世界是一个封闭的系统，这个系统中的财富、资源、机遇都是有限的，任何个人、地区和国家财富的增加必然意味着对其他人、其他地区和国家的掠夺，意味着其他人、地区和国家财富的减少。

两位对弈者对弈，我们称这种行为为“零和游戏”。因为在大多数情况下，两位对弈者总会有一个赢，有一个输，如果我们把获胜算为 1 分，而输棋的算为 -1 分，那么，这两个人的得分之和就是：1+(-1)=0。这就是零和游戏：游戏者有输有赢，一方所赢正是另一方所输，游戏的总成绩永远是零。

“零和游戏”的局面在社会的方方面面都能看到，成者为王败者为寇。胜利者的光荣背后往往隐藏着失败者的辛酸和苦涩。从个人到国家，从政治到经济，似乎无不验证了这个世界正是一个巨大的“零和游戏”场。

20 世纪，世界在经历了两次世界大战之后，经济的高速增长、科技日益进步、全球化以及日益严重的环境污染之后，人类开始反思“零和游戏”的观念，于是出现了“非零和游戏”，也就是“负和”或“正和”的观念。“负和游戏”指的是：虽然一方赢了但付

出了惨重的代价，得不偿失。“正和游戏”指的是：赢家所得的比输家所失的多，或者没有输家，结果是“双赢”或“多赢”。

在股票和债券市场，股民可以在股票或债券的价格涨落中赚取差价或从每年的派息之中获得利益，上市公司用股民的钱去经营，创造利润，上缴税金。双方或多方都可以从这个平台中获益。所以，正和游戏意味着“利己”不一定要建立在“损人”的基础上，通过有效的合作，同样会出现皆大欢喜的结局。

在竞争的社会中，人们开始认识到“利己”不一定要建立在“损人”的基础上。从“零和”走向“正和”，要求各方要有真诚合作的精神和勇气，遵守游戏规则，不要小聪明，不要总想占别人的小便宜，否则，“双赢”的局面就不会出现，吃亏的最终还是自己。

卢浮宫名画规则：抓住离你最近的目标

在人生的道路上，如果你确定了至少 3 种以上的目标，那么，最佳的选择往往不是最绚丽、最诱人的那一目标，而是离你最近的那个目标。这就是卢浮宫名画规则的主旨。

巴黎一家杂志曾刊登了这样一个有趣的竞答题目：“如果有一天卢浮宫突然起了大火，而当时的条件只允许从宫内众多艺术珍品中抢救出一件，请问：你会选择哪一件？”在数以万计的读者来信中，一个简单的答案被认为是最好的——选择离门最近的那一件。因为卢浮宫内的收藏品每一件都是举世无双的瑰宝，与其浪费时间选择，不如抓紧时间抢救一件算一件。

卢浮宫名画规则在股市中很实用，股市中几乎每天都有涨停板的股票。看起来很诱人！可是你能保证你有一双慧眼买到这些股票吗？不要一看涨幅榜，就个个都想抓，恨不得生出三头六臂，恨不得天天涨停板，月月翻番。结果呢，一年下来看看收支表，是多收了，还是白干了，更甚是赔本了。事实上，如果你只要在大的行情中出手，或者有一种见好就收的心态，或者一直持有“弱水三千，只取一瓢”的平常心态的话，你一定会有很大的收获。

无论你做哪一行都要知道自己擅长什么，千万别爱好广泛，却浅尝辄止，这样做的后果是什么都没有收获，还把钱都赔掉了。

人生在世，有的人一辈子只做了一件事儿，就让人记住了；有的人做了一辈子事儿，却没有一件能让人记住的。其实人生的价值并不在于你做了多少事情，而是看你做的事情是否成功。做1000件半途而废的事情不如完完整整做好一件事情，因为衡量行为价值的标尺是结果而不是进程。

蝴蝶规则：
细节决定成败

在一个动力系统中，初始条件下微小的变化可以带动整个系统长期的巨大的连锁反应，这是一种混沌现象。这种现象被称为蝴蝶规则。意思即一件表面上看来毫无关系、非常微小的事情，可能带来巨大的改变。这个规则通俗的阐述是：“一只蝴蝶在巴西轻拍翅膀，可以导致一个月后德克萨斯州的一场龙卷风。”

1963年美国气象学家洛伦芝提交了一篇论文，名叫《一只蝴蝶拍一下翅膀会不会在德克萨斯州引起龙卷风？》，文章最后说：一只南美洲亚马孙河流域热带雨林中的蝴蝶，偶尔扇动几下翅膀，可能在两周后引起美国德克萨斯州一场龙卷风。其原因在于：蝴蝶翅膀的运动，导致其身边的空气系统发生变化，并引起微弱气流的产生，而微弱气流的产生又会引起它四周空气或其他系统产生相应的变化，由此引起连锁反应，最终导致其他系统的极大变化。洛伦芝把这种现象戏称做“蝴蝶效应”。采用蝴蝶做比喻来自这位气象学家制作的一个电脑程序，这个程序可以模拟气候的变化，并用图像来展示。图像是混沌的，看起来十分像一只蝴蝶张开的双翅，因而他形象地将这个图形称为“蝴蝶扇动翅膀”，于是枯燥的数字有了富有诗意的蝴蝶扇动翅膀的表述。

1998年亚洲发生的金融危机和美国曾经发生的股市风暴实际上就是经济运作中的“蝴蝶效应”，1998年太平洋上出现的“厄尔尼诺”现象也是大气运动引起的“蝴蝶效应”。

你相信吗？罐头的发明促使美国走出了经济大萧条。20世纪30年代初，美国及整个西方世界经济大萧条，购买力持续下降。为了摆脱困境，维持正常的生产，商人想方设法制造便宜的商品。1932年，明尼苏达州的杰伊·荷美尔发明了一种12盎司罐装的午餐肉。这种呈砖形的午餐肉的最大特点是能比鲜肉保存更长的时间。正是这种“罐头”，它既满足了人们低消费的心理需求和好奇的口味需求，又能长时间地保存，保护厂家和商家的利益，使当时工厂和农场能维持正常的生产，让社会处于较稳定的状态。最终，正是这样一个小小的罐头，促使美国带头走出了世界经济大萧条。

18世纪瓦特发明的蒸汽机促使世界第一次工业革命兴起，对近代社会产生了巨大的贡献。实际上瓦特并不是第一个发明蒸汽机的人。公元1世纪的时候，亚历山大·希罗就曾设计过类似的机器，但效率非常低。1769年瓦特在此蒸汽机上做了重大革新，增加了一个独立的凝汽室，增加了齿轮联动装置，把活塞的直线运动转变为旋转运动，从本质上改变了蒸汽机的工作特征。瓦特的一个小小的改动，以及多次的技术更新，最终导致了世界第一次工业技术革命的兴起，极大地推进了社会生产力的发展，在西方，最终导致了资本主义革命的兴起。

罐头的发明和瓦特的蒸汽机都是当年看起来普普通通的事物，却能起到超乎寻常的作用。这是因为它们具有从无到有、从虚到实、从小到大、能量呈几何递增、发展速度极快的特征，所以它们像“风暴蝴蝶”一样扇动翅膀，在各自的领域中引起了一场大风暴，从而对整个社会产生了巨大的推动作用，实现了伟大的变革。

蝴蝶规则说明：一个微小的问题，如果不及时加以正确地引导、调节，那将会带来非常大的危害；一个好的微小的举动，只要正确指引，经过一段时间的努力，最后将会产生轰动，或称为“革命”。

路径依赖规则：少成若天性，习惯如自然

路径依赖规则是指：一旦人们做出某种选择，就好比走上了一条不归之路，惯性的力量会使这一选择不断自我强化，并让你不能轻易走出去。

有这样一个实验：在一只笼子中间吊上一串香蕉，然后放入5只猴子，当有猴子伸手去拿香蕉时，就用高压水去喷射其余4只猴子，直到最后5只猴子都不敢再动手拿香蕉。然后用一只新猴子替换出原来笼子里的一只猴子，新来的猴子不知这里的“规矩”，又伸出手去拿香蕉，结果触怒了笼子里原来的那4只猴子，于是这4只猴子代替人执行惩罚任务，把新来的猴子暴打一顿，直到它服从这里的“规矩”为止。试验人员不断地将最初经历过高压水惩戒的猴子换出来，最后笼子里的猴子全是新的，可是没有一只猴子再敢去碰香蕉。这时，人和高压水都不再介入了，但新来的猴子还固守着“不许拿香蕉”的规矩，这就是路径依赖的自我强化作用。

路径依赖规则是美国经济学家道格拉斯·诺思提出的。他用“路径依赖”规则成功地阐释了经济制度的演进规律，并因此而获得了1993年的诺贝尔经济学奖。

路径依赖规则类似于物理学中所说的“惯性”，一旦进入了某一路径(无论是“好”是“坏”),我们就可能对这种路径产生依赖。某一个路径的既定方向会在以后的发展中得到自我强化。人们过去所做出的选择决定了他们现在以及未来所要做出的选择。好的路径会起到正反馈作用,通过惯性和冲力,产生飞轮效应,使事物的发展进入良性循环状态;不好的路径会起到负反馈作用,就如同厄运循环,最终导致停滞。而这些选择一旦进入锁定状态,想要脱身就会十分困难。

在现实生活中,路径依赖现象无处不在。比如说:现代铁路两条铁轨之间的标准距离是4.85英尺,为什么采用这个标准呢?原来,早期的铁路是由建电车的人所设计的,而4.85英尺正是电车所用的轮距标准。而最先造电车的人以前是造马车的,所以电车的标准是沿用马车的轮距标准。马车又为什么要用这个轮距标准呢?因为古罗马人军队战车的宽度就是4.85英尺。罗马人又为什么以4.85英尺做为战车的轮距宽度呢?原因很简单,这是牵引一辆战车的两匹马屁股的宽度。

有趣的是,今天世界上最先进的运输系统的设计,在2000年前便由两匹马的屁股宽度决定了!例如,美国航天飞机燃料箱的两旁有两个火箭推进器,因为这些推进器造好之后要用火车运送,路上又要通过一些隧道,而这些隧道的宽度只比火车轨道宽一点,因此火箭助推器的宽度由铁轨的宽度所决定,而铁轨的宽度由……

路径依赖告诉我们:每个人都有自己的基本思维模式,这种模式很大程度上会决定你以后的人生道路。而这种模式的基础,其实是早在童年时期就奠定了。做好了你的第一次选择,你就设定了自己的人生。要想路径依赖的负面效应不发生,那么在最开始的时候就要找准一个正确的方向。

在IT行业中,戴尔电脑是一个财富的神话。戴尔计算机公司从1984年成立时的1000美元,发展到现在销售额达到上千亿美元,是一段颇富传奇色彩的经历。戴尔公司成功有赖于两大法宝:

"直接销售模式"和"市场细分"方式。而据戴尔的创始人迈克尔·戴尔透露，他早在少年时就已经奠定了这两大法宝的基础。

戴尔上初中时，就已经开始做电脑生意了。他自己买来零部件，组装后再卖掉。在这个过程中，他发现一台售价3000美元的IBM个人电脑，零部件只要六七百美元。而当时大部分经营电脑的人并不太懂电脑，不能为顾客提供技术支持，更不可能按顾客的需要提供合适的电脑。这就让戴尔产生了灵感：抛弃中间商，自己改装电脑，不但有价格上的优势，还有品质和服务上的优势，能够根据顾客的直接要求提供不同功能的电脑。

于是风靡世界的"直接销售"和"市场细分"模式就诞生了。其核心就是：按照顾客的要求来设计制造产品，并把它在尽可能短的时间内直接送到顾客手上。此后，戴尔便凭借着这种模式，一路做下去。从1984年戴尔退学开设自己的公司，到2002年排名《财富》杂志全球500强中的第131位，其间不到20年时间，戴尔公司成了全世界最著名的公司之一，正是初次做生意时的正确路径选择，奠定了后来戴尔事业成功的基础。

孔子曰："少成若天性，习惯如自然。"在事业上，我们无法摆脱这种路径依赖，一旦我们选择了自己的"马屁股"，我们的人生轨道可能就只有4.85英尺宽。以后我们可能会对这个宽度不满意，但是却已经很难改变它了。我们唯一可以做的，就是在开始时慎重选择"马屁股"的宽度。

博傻规则：
你可能做“最大的笨蛋”

博傻规则也叫最大的笨蛋规则，指的是投机行为的关键是判断“有没有比自己更大的笨蛋”，只要自己不是最大的笨蛋，那么自己就一定是赢家，只是赢多赢少的问题。如果再没有一个愿意出更高价格的更大笨蛋来做你的“下家”，那么你就成了最大的笨蛋。可以这样说，任何一个投机者信奉的无非是“最大的笨蛋”规则。

这个规则是凯恩斯提出来的。凯恩斯为了日后能自由而专注地从事学术研究免受金钱的困扰，在 1908 到 1914 年间，他像“一架按小时出售经济学的机器”一样，什么课都讲：经济学原理、货币理论、证券投资，等等。然而，仅靠赚课时费是积攒不了几个钱的。于是，凯恩斯在 1919 年 8 月借了几千英镑做远期外汇投机去了。仅 4 个月时间，他就净赚一万多英镑，在当时相当于他讲课 10 年的收入。就在他飘飘然之际，3 个月之后，凯恩斯把赚到的利和借来的本金亏了个精光。赌徒往往有这样的心理：要从赌桌上把输掉的赢回来。7 个月之后，凯恩斯又涉足棉花期货交易，狂赌一通并大获成功。受此刺激，他把期货品种做了个遍。还嫌不过瘾，就去炒股票。在十几年的时间里，他已赚得盆盈钵满。到1937年他因病金盆洗手的时候，已经积攒起一生享用不完的巨额财富。凯恩斯总结自己的这段经历，提出了最大的笨蛋规则。

凯恩斯提出：从100张照片中选择你认为最漂亮的脸蛋，选中有奖。当然最终是由最高票数来决定哪张脸蛋最漂亮。你应该怎样投票呢？正确的做法不是选自己真的认为漂亮的那张脸蛋，而是猜多数人会选谁就投她一票，哪怕她很丑。这就是说，投机行为应建立在对大众心理的猜测之上。期货和证券在某种程度上是一种投机行为或赌博行为。比如说，你不知道某个股票的真实价值，但为什么你花20元去买走1股呢？因为你预期有人会花更高的价钱从你那儿把它买走。这就是凯恩斯所谓的"最大笨蛋"理论。

1593年，一位维也纳的植物学教授到荷兰的莱顿任教，他带来了在土耳其栽培的一种荷兰人没有见过的植物——郁金香。没想到荷兰人对它如痴如醉，于是教授认定可以大赚一笔，他的售价高到令荷兰人铤而走险，于是有人在一天深夜，偷走了教授带来的全部郁金香球茎，并以比教授的售价低得多的价格很快把球茎卖光。就这样，郁金香被种在了千家万户的荷兰人的花园里。后来，郁金香受到花叶病的侵袭，病毒使花瓣生出一些反衬的彩色条或"火焰"。富有戏剧性的是，病郁金香成了珍品，以至于以后郁金香球茎越古怪价格越高。于是有人开始囤积病郁金香，又有更多的人出高价从囤积者那儿买入并以更高的价格卖出。一个快速致富的神话开始流传。贵族、农民、机修工、海员、仆人、烟囱清扫工、洗衣老妇等先后卷了进来，每一个被卷进来的人都相信，会有更大的笨蛋愿出更高的价格从他（她）那儿买走郁金香。1638年，最大的笨蛋出现了，持续了5年之久的郁金香狂热迎来了最悲惨的一幕，郁金香球茎的价格跌到了只有一只洋葱头的售价。

不要把投机疯狂看做是几百年以前的人们的愚蠢，这世界的人们其实是疯狂不断，凯恩斯一定会在经济学家死后必去的地方窃笑。所以，做事情前要好好想清楚，不要老以为后面有个更大的笨蛋跟着你。投机也需要事先摸清形势，好好分析，如果一味只看到眼前的利益，而忽视了长远的考虑，我们每个人都有可能成为那个最大的笨蛋。

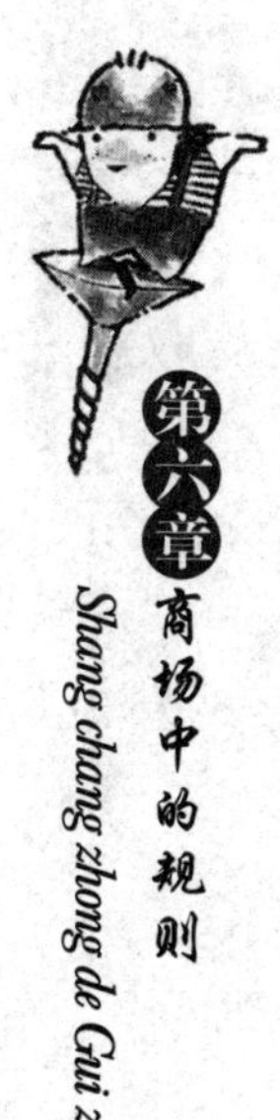

棘轮规则：

由俭入奢易，由奢入俭难

棘轮规则，又称制轮作用，是指人的消费习惯在形成之后具有不可逆性，即易于向上调整，而难于向下调整。尤其是在短期内消费习惯不好改变。这种习惯效应，使消费者易于随收入的提高增加消费，不易于随收入降低而减少消费。

这个规则是经济学家杜森贝提出的。古典经济学家凯恩斯主张消费是可逆的，即收入水平变动必然会立即引起消费水平的变化。针对这个观点，杜森贝认为这实际上是不可能的，因为消费决策不可能是绝对理性的，它还取决于消费习惯。这种消费习惯受许多因素影响，如生理和社会的需要、个人的经历等等，特别是个人在收入最高期时所达到的消费标准对消费习惯的形成有很重要的作用。

棘轮规则说的是人的一种本性，人生而有欲，人有了欲望之后就会千方百计地寻求满足。

对人的欲望既不能禁止，也不能放纵。如果对欲望不加以限制的话，过度地放纵奢侈，必然会成为物欲的奴隶。

宋代著名的政治家和文学家司马光有一句名言：由俭入奢易，由奢入俭难。这句话说的道理就是棘轮规则。他在写给儿子司马康的家书《训俭示康》中，除了“由俭入奢易，由奢入俭难”的名言外，他还说，“俭，德之共也；侈，恶之大也”，告诫儿子不可沾染纨绔之气，要保持俭朴清廉的家庭传统。

西方一些成功的企业家虽然家境富裕，但依然对自己子女要求极严，从不给孩子更多的金钱，让孩子学会俭朴和自立。这一点在比尔·盖茨的身上体现尤为明显。微软公司的创始人比尔·盖茨是世界首富，个人资产总额达到上千亿美元，但他将自己的巨额遗产返还给社会，用于慈善事业，每个子女只能继承1000万美金。盖茨认为：子女的人生和潜力应该和出身的富贵与贫寒无关。拥有很多不劳而获的财富，对于一个站在人生起跑点的子女而言并不是件好事。

取之有度，用之有节，则常足。即有计划地索取，有节制地消费，就会常保富足。

奥卡姆剃刀规则：
把复杂的事情简单化

奥卡姆剃刀规则又称“奥康的剃刀”，是14世纪英国逻辑学家威廉·奥卡姆提出的。这个规则称为“如无必要，勿增实体”，即“简单有效原理”。

14世纪，当时关于“共相”“本质”之类的争吵无休无止，英国逻辑学家威廉·奥卡姆对此感到厌倦，于是著书立说，宣传唯名论：只承认确实存在的东西，认为那些空洞无物的普遍性的概念都是无用的累赘，应当被无条件地“剃除”。他的主张概括起来就是“如无必要，勿增实体”。因为他是英国奥卡姆人，所以人们就把这句话称为“奥卡姆剃刀”。当这把剃刀出鞘后，将几百年间争论不休的经院哲学和基督教神学都剃秃了，使科学、哲学从神学中分离出来，并引发了欧洲的文艺复兴和宗教改革。同时，这把剃刀曾使很多人感到威胁，被认为是异端邪说，当然，威廉本人也受到伤害。然而，所有的伤害都不能损害这把刀的锋利，相反，经过数百年的磨砺反而越来越快，并早已超越了原来狭窄的领域，拥有了更广泛的、丰富的、深刻的意义。

在股市投资中，也可以拿起“奥卡姆剃刀”，把复杂事情简单化，就会发现其实炒股很简单，投资盈利其实也并不难。

有的投资者认为股市是勤劳者的乐园，只有焦头烂额、忙忙碌碌地分析、研究和频繁操作，才可能取得成功，其实这是一个大错误。他们常有这样的感觉：对于股市倾注了大量的时间、金钱和精力，整天忙碌，却依然难以应付市场中那么多的信息，无法了解那么多的股票，还有不断出现的规章和投资新品种。他们总是试图把握一切，但换来的只是精疲力竭，甚至还“附送”亏损。

根据奥卡姆剃刀规则，投资者必须要简化自己的投资，要对那些消耗了我们大量金钱、时间、精力的事情加以区分，然后采取步骤去摆脱它们：简化选股。目前沪深股市有众多上市公司，如果每只股票都去研究和关注，既没有这个时间，也没有这个必要。因此，选股要运用奥卡姆剃刀规则，对众多的上市公司进行缩容，只挑选其中极少数的股票去关注和操作。

英国物理学家胡克比牛顿更早提出引力观念，但在他那里，引力是无法证明的庞杂的“多”，而牛顿把这一切都剃掉了，只留下了“一个苹果掉在地上”这样一个最简单的事实，并以此做为科学推动的初始点，发现了万有引力规则。

复杂的事情往往可从最简单的途径解决。牛顿以后一个个伟大的人物沿着奥卡姆剃刀这条思维之路前进。200多年后，爱因斯坦剃掉了长在牛顿头上的“荒草”，用单纯的演绎法建立了新的科学体系。

将复杂的对象剃成最简单的对象，然后再着手解决问题。这是简单的、平凡但却行之有效的解决问题的方法。

巴菲特规则：随大流是赚不到钱的

巴菲特规则：在其他人都投了资的地方去投资，你是不会发财的。无数投资人士的成功，无不或明或暗地遵从着这个规则。

这个规则是有美国“股神”之称的巴菲特的至理名言，是他多年投资生涯的经验结晶。20 世纪 60 年代，他廉价收购了濒临破产的伯克希尔公司，从此，巴菲特创造了一个又一个的投资神话。有人计算过，如果在 1956 年，你的爷爷给你 10000 美元，你和巴菲特共同投资，你的资金就会获得 27000 多倍的惊人回报，而同期的道琼斯工业股票平均价格指数仅仅上升了大约 11 倍。能取得如此骄人的成就，得益于他自己所信奉的圣经，他后来将其总结为巴菲特规则。

1962 年，沃尔顿开设了第一家商店，名为沃尔·马特百货。从此，他避开经济相对发达的地区和城市，而主要在美国南部和西南部的农村地区开设超级市场，并把发展的重点放在城市的外围，他坚信并等待城市向外扩展。他这一长远发展战略，不但避开了创业之初与实力强劲的竞争对手的拼杀，而且独自拓展了一个前景广阔的市场。1969 年他开了 18 家分店，到 1992 年，他已将其分店网络扩大到1735家，年营业额达400亿美元。在短短几年内，他就超过了美国的大商行凯马特公司和西尔斯公司，成为零售行业中当之无愧的龙头老大。

井深大和盛田昭夫是日本索尼公司创始人，他们从一开始就立志于“率领时代新潮流”。有一次，井深大在日本广播公司看见一台美国造的录音机，他立即抢先买下专利权，很快生产出日本第一台录音机，投放市场后很受消费者欢迎。1952年，美国研制出“晶体管”，井深大立即飞往美国进行考察，又果断地买下这项专利，回国后仅数周时间便生产出第一支晶体管，销路大畅。当其他厂家也转向生产晶体管时，他又成功地生产出世界上第一批“袖珍晶体管收音机”。这一人无我有、人有我转的战略，使索尼的新产品总是以迅雷不及掩耳之势投放市场，并赢得了巨大的经济效益。

美国西南航空公司的成功也是遵循了巴菲特规则。“9•11”事件以来，美国航空业一直不景气。然而，美国西南航空公司却创下了连续29年赢利的业界奇迹。能取得这样的成功，在于西南航空始终坚持“低成本营运和低票价竞争”的策略，在自己竞争对手不注意和注重的地方开辟市场，找到了属于自己的利润增长点。

西南航空为避免与各大航空公司正面交手，专门寻找被忽略的国内潜在市场。在《北美自由贸易协定》签署后，人们普遍认为总部位于得克萨斯州的西南航空最有条件开辟墨西哥航线，但西南航空抵御了这种“诱惑”。它遵循“中型城市、非中枢机场”的基本原则，在一些公司认为“不经济”的航线上，以“低票价、高密度、高质量”的手段开辟和培养新客源。

在西南航空公司的大多数市场上，它的票价甚至比城际间的长途汽车票价还要便宜。一些“巨人级”航空公司称西南航空是“地板缝里到处蔓延的蟑螂”，可以感觉到，但就是无法消灭掉。西南航空的宣传小册子不无自豪地宣称：不管在美国的什么地方，你只要开车两个小时，就能坐上西南航空公司的飞机。

无论是投资还是经营企业，我们都要善于找到自己的财富增长点。随大流、一窝蜂是赚不到钱的。我们要牢牢记住巴菲特的忠告：在其他人都投了资的地方去投资，你是不会发财的。善于走自己的路，才可能获得成功。

赢得成功的规则

“肯用心思考未来，抓重大趋势。预见未来，就是要怀疑一切，打破常规，看透现在，颠覆时代。”李嘉诚先生就是这样阐述规则在成功中的重大作用的——成功需要打破常规，并从打破的规则中抓住规则。

马太规则：
强者愈强，弱者愈弱

马太规则指的是：任何个体、群体或地区，在某个方面（如金钱、名誉、地位等）取得了成功和进步，就会产生一种积累优势，也就意味着会有更多的机会取得更大的成功和进步。

马太规则是由美国科学史研究者罗伯特·莫顿在 1973 年正式提出的。莫顿用这一句话概括了社会中存在的一个普遍现象：好的愈好，坏的愈坏，多的愈多，少的愈少。在经济学中，马太规则反映了一种贫者愈贫、富者愈富、赢家通吃的收入分配不公的经济现象。

《新约·马太福音》中有这样一个故事，一个国王在远行之前，把三个仆人叫到跟前，分别交给三个仆人每人一锭银子，并吩咐他们："现在你们可以去做生意，等我回来的时候，再来见我。"国王旅行回来后召见了三位仆人，第一个仆人说："主人，你交给我的一锭银子，我做生意赚了 10 锭。"于是国王奖励给他 10 座城邑。第二个仆人报告说："主人，你给我的一锭银子，我已经赚了 5 锭。"于是国王奖励给他 5 座城邑。轮到第三个仆人报告时，这位仆人很得意地说："主人，你给我的一锭银子，我一直包在手巾里存着，我怕丢失，一直没有拿出来。"这位仆人本以为国王会夸奖他的诚实老实，但国王并没有夸奖，反而命令第三个仆人把他的一锭银子赏给第一个仆人，并且说：“凡是少的，就连他所有的东西也要夺过来。凡是多的，还要给他，叫他多多益善。”这就是马太规则的宗旨。

这个故事中，原本三个仆人的财富都是一样的，而最后却相差悬殊。其实造成最终差距的是由两个阶段构成，第一个阶段是国王回来前，他们都各自去做生意，这时的差距是他们自身的因素造成的；第二个阶段则是国王回来后，国王对他们进行奖惩，这时的差距是外界原因所造成的。不过，我们要注意的是，第二阶段所说的外界因素影响是建立在第一阶段的结果基础上的，而第一阶段的结果又取决于自身因素，所以，开始的时候，自身的一点小差异导致了后来的差异，再后来，差异进一步放大，连锁传导导致马太规则产生。

马太规则可以在生活的一些实际例子中找到，比如说：地价越活拍越高，房子越涨越抢，越抢越涨。在股市狂潮中，最赚的总是庄家，最赔的总是散户。于是，如果不加以调节，普通大众的金钱就会通过这种形态聚集到少数人群的手中，进一步加剧贫富分化。

马太规则对于领先者而言是一种优势累计，当你已经取得一定的成功之后，就更容易取得更大的成功。强者总会更强，弱者反而更弱。物竞天择，适者生存，强者随着积累优势，将有更多的机会取得更大的成功和进步。所以你不想在你所在的领域被打败的话，你就要成为这个领域的领头羊，并且不断扩大。

马太规则既有积极影响也有消极影响。名人更出名，就会导致某些名人丧失理智，居功自傲，在人生的道路上跌跟头，这就是消极影响。而积极的影响是，马太规则不断鞭策无名者奋发，去追求和超越已有的成果。

马太规则告诉我们，如果想在某一个领域保持优势，就必须在这个领域迅速地做大。当你成为某个领域的领头羊时，即使投资回报率相同，你也能更轻易地获得比弱小的同行更大的收益。但如果没有实力迅速在某个领域做大，就要不停地寻找新的发展领域，才能保证获得成功的回报。

皮格马利翁规则：
说你行，你就行，不行也行

皮格马利翁规则，有时也译为“毕马龙规则”“比马龙规则”，是美国著名心理学家罗森塔尔和雅格布森在小学教学上予以验证并提出的。

远古的时候，塞浦路斯王子皮格马利翁喜爱雕塑。一天，他成功地塑造了一个美女形象，爱不释手，每天都以深情的眼光观赏不止。看着看着，美女竟然活了。

1963 年，罗森塔尔和福德告诉学生实验者，用来进行迷宫实验的老鼠是来自不同的种系：聪明鼠和笨拙鼠。实际上，老鼠来自同一种群。但实验结果却得出了聪明鼠比笨拙鼠犯的错误更少的结论，而且这种差异具有统计显著性。对学生实验者测试老鼠时的行为进行观察，并没发现欺骗或者做了其他使结果歪曲的事情。似乎可以推断，拿到聪明鼠的学生比那些拿到笨拙鼠的不幸学生更能鼓励老鼠去通过迷宫。也许正是这个原因影响了实验的结果，因为实验者对待两组老鼠的方式不同。

1968 年，两位美国心理学家来到一所小学，他们从一至六年级中各选出 3 个班，在学生中进行了一次煞有介事的“发展测验”。然后，他们以赞美的口吻将有优异发展可能的学生名单通知有关的老师。8个月之后，他们又来到这所学校进行复试，结果名单上的学生成绩有了显著进步，而且情感、性格更为开朗，求知欲望强，敢于发表意见，与教师关系也特别融洽。

实际上，这是心理学家进行的一次期望心理实验。他们提供的名单纯粹是随便抽取的。他们通过“权威性的谎言”暗示教师，坚定教师对名单上这些学生的信心，虽然教师始终把这些名单藏在内心深处，但掩饰不住的热情仍然通过眼神、笑貌、音调等方式滋润着这些学生的心田，实际上他们扮演了皮格马利翁的角色。学生潜移默化地受到了老师的影响，因此变得更加自信，奋发向上的激情在他们的血管中荡漾，于是他们在行动上就不知不觉地更加努力，结果就有了飞速的进步。这个令人赞叹不已的实验，后来被誉为“皮格马利翁规则”。

于是，皮格马利翁规则也被总结为：“说你行，你就行，不行也行；说你不行，你就不行，行也不行。”

这实际上是暗示的心理效应在起作用，暗示在本质上是说人的情感和观念，会不同程度地受到别人下意识的影响。人们会不自觉地接受自己喜欢、钦佩、信任和崇拜的人的影响和暗示。这种暗示，是让你梦想成真的基石之一。

海伦在这家外贸公司已经工作3年了，她毕业于国际贸易专业，在公司的业绩表现一直平平。原因是她以前的上司胡悦是个非常傲慢刻薄的女人，她从不赞赏海伦的工作，反而时常泼冷水。一次，海伦主动搜集了一些国外对公司出口的纺织品类别实行新的环保标准信息，上司知道后，不但不赞赏她的主动工作，反而批评她不专心本职工作，后来海伦再也不敢关注自己业务范围之外的工作了。海伦觉得，胡悦之所以不欣赏她，是因为她不像其他同事一样奉承她，但她自问自己不是能溜须拍马的人，所以不可能得到胡悦的青睐，她也就自然而然地在公司沉默寡言了。

直到后来，公司调来新主管Sam，公司的气氛有了改变。从美国回来的Sam性格开朗，对同事经常赞赏有加，特别提倡大家畅所欲言，不拘泥于部门和职责限制。在他的带动下，海伦也积极发表了自己的看法。由于Sam的积极鼓励，海伦工作的热情空前地高涨，她不断学会新东西，起草合同，参与谈判，跟外商周旋……海伦非常惊讶，原来自己还有这么多的潜能可以发掘，想不到以前那个沉默害羞的女孩，今天能够跟外国客商为报价争论得面红耳赤。

其实，海伦的变化，就是我们所说的皮格马利翁规则起了作用。在不被重视和激励，甚至充满负面评价的环境中，人往往会受到负面信息左右，对自己做出比较低的评价。而在充满信任和赞赏的环境中，人则容易受到启发和鼓励，往更好的方向努力，随着心态的改变，行动也就越来越积极，最终做出更好的成绩。

皮格玛利翁规则给我们这样一个启示：赞美、信任和期待具有一种能量，它能改变人的行为，当一个人获得另一个人的信任、赞美的时候，他就感觉获得了社会支持，从而增强了自我价值，变得自信，获得一种积极向上的动力，并尽力达到对方的期待，以避免对方失望，从而维持这种社会支持的连续性。

飞轮规则：
成功离不开坚持不懈的努力

飞轮规则指的是人在进入某一新的或陌生的领域的时候，都会经历这样一个过程。在每件事情的开头都必须付出艰巨的努力才能使你的事业之轮转动起来，而当你的事业走上平稳发展的快车道之后，一切都会好起来。

为了使静止的飞轮转动起来，一开始你必须使出很大的力气，一圈一圈反复地推，每转一圈都很费力，但每一圈的努力都不会白费，飞轮会转动得越来越快。达到某一个临界点后，飞轮的重力和冲力会成为推动力的一部分。这时，你无需再费更大的力气，飞轮依旧会快速转动，而且不停地转动。

纽可在 1965 年开始推动飞轮，起初只是试图避免踏上破产的命运，后来则因为找不到可靠的供应商，于是开始建立起第一座自己的钢铁厂。纽可的员工发现，他们有办法把钢铁炼制得比别人好，也比别人便宜，因此后来又建了两座小型炼钢厂，接着又建了三座厂。开始有客户向他们采购，然后又有更多的客户上门！一圈又一圈，年复一年，飞轮累积了充足的动力。到 1975 年左右，纽可人猛然醒悟，如果他们一直推动飞轮，纽可将可成为美国排名第一、获利率最高的钢铁公司。

克罗格公司总裁、著名的管理专家吉姆·柯林斯运用飞轮规则让公司的5万员工接受他的改革方案。他没有试图一蹴而就，也没有打算用煽情的演讲去打动员工。他的做法是组建了一个高效的团队来“慢慢地但坚持不懈地转动飞轮”——用实实在在的业绩来证明他的方案是可行的，是可以带来效益的。员工看到了吉姆的成绩，越来越多的人对改革充满了信心，他们以实实在在的行动为改革作出贡献，到了某一时刻，公司这个飞轮就基本上能自己转动了。此后，吉姆·柯林斯调查了1435家大企业，经过调查、比较、研究，吉姆吃惊地发现：在从一般公司到卓越公司的转变过程中，根本没有什么“神奇时刻”，成功的唯一道路就是清晰的思路、坚定的行动，而不是所谓的灵感。成功需要我们每个人排除一切的干扰，把精力集中在最重要的事情上，全力以赴地去实现目标。

飞轮规则告诉我们在每件事情的开头都必须付出艰巨的努力，这样才能使你的事业之轮转动起来，而当你的事业走上平稳发展的快车道之后，一切就都会好起来。万事开头难，努力再努力，光明就会在前头。

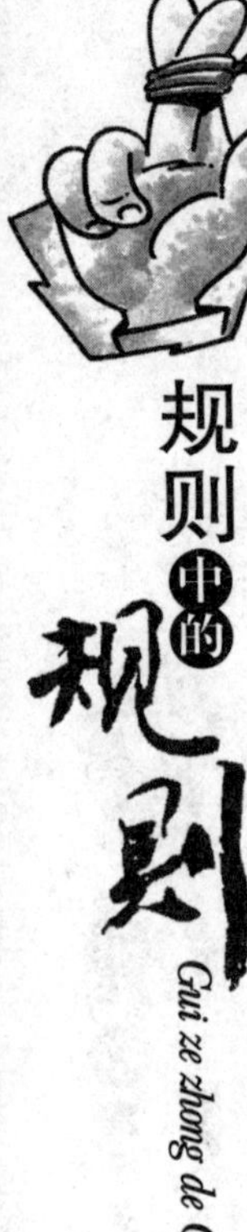

刺猬理念规则：专注自己的核心竞争能力

刺猬理念规则是指把复杂的世界简化成单个有组织性的观点——一条基本原则或一个基本的理念，让其发挥统帅和指导的作用。

刺猬理念规则源自古希腊的一个寓言《刺猬与狐狸》，它讲述的是：狐狸是一种狡猾的动物，它可以设计无数复杂的策略，偷偷地向刺猬发动进攻。但每一次刺猬都蜷缩成一个圆球，浑身尖刺指向四面八方。狐狸行动迅速，皮毛光滑，脚步飞快，阴险狡猾，看上去一定是赢家。而刺猬看起来则毫不起眼，尽管狐狸比刺猬聪明，但在实际中屡战屡胜的却是刺猬。

这则寓言说明了，狐狸虽然知道很多事，但是刺猬知道最重要的事就是保护自己，而这足以使它能从狡猾的狐狸的进攻中逃生。

其实，人也可以划分成两种基本类型：狐狸和刺猬。狐狸的思维是“凌乱或是扩散的，在很多层次上发展”，从来没有使它们的思想集中成一个总体理论或统一的观点。而刺猬则把复杂的世界简化成单个有组织性的观点，一条基本原则或一个基本的理念，发挥统帅和指导的作用。不管世界多么复杂，刺猬都会把所有的挑战和进退维谷的局面压缩成简单的“刺猬理念规则”。

刺猬理念规则强调的深刻思想本质是简单，而这正是那些卓越的人之所以和他们同样聪明的人区分开的原因。研究调查那些成功地从优秀跨越到卓越的公司，吉姆·柯林斯根据刺猬理念规则提出了三环理念——他发现每个实现跨越的公司，其核心竞争能力并不是由随意的简单观念堆砌而成，而是三环交叉部分，这三个环是“你能够在什么方面成为世界上最优秀的”“是什么驱动你的经济引擎”“你对什么充满了热情”。

其实，将吉姆·柯林斯提出的三环理念再现于个人自我追求中，如人生目标和职业选择中，同样具有深刻意义。当你选择一个职业的时候，你是否考虑过这三环：

★我要从事的职业是否是我具备的天赋？我可以在这个职业上取得卓越的成绩，这才是你的核心竞争力。有时候，你能做到最好的，可能并不是你现在从事的。所以你要提升你对自己的洞察力。

★是什么驱动你自己的经济引擎？你不仅要有穿透性的洞察力，还要能够通过自己的卓越职业中获取的利润来支持生活、家庭和职业的未来提升。

★你是否充满了热情？这份职业是否能引发你的热情，使你全力以赴。这里的问题并不是刺激热情，而是发现什么才能使你热情洋溢。

西方有句谚语：“制鞋匠，干好你自己的活儿就行了。”如果你学会了找出自己的人生中、职业中的刺猬理念规则，专注于此，并坚持不懈，你注定会成为一个卓越的人——过自己期望的人生，拥有自己热爱的职业，这难道不是每个人的梦想吗？

刺猬理念规则告诉我们：专注自己的核心竞争能力，不要轻易分散自己的精力和资源，并且坚持不懈，这样就能实现自己的理想。

鲁尼恩规则：
赛跑时快的不一定赢

奥地利经济学家R·H·鲁尼恩提出，竞争是一项长距离赛跑，一时的领先并不能保证最后的胜利，阴沟里翻船的事发生得很多。同样，一时的落后并不代表永远的落后，奋起直追，你就会成为笑到最后的人。

在20世纪初期，当时，汽车还是富人专有的玩具，工人很难消费得起。1903年，亨利·福特建立了福特汽车公司。福特建立公司的目标非常明确，他就是要制造工人们都买得起的汽车。经过多年的精心研制，亨利·福特终于造出了工人阶级也能消费得起的汽车，他的梦想实现了，这种车被叫作T型车，坚固结实，容易操纵，售价是825美元。

1908年，T型车被推向了市场，很受欢迎，当年的销量达到10000多辆。接着，福特不断地削减各种成本，到了1912年，T型车的售价已经降到了575美元，这也是汽车售价第一次低于人们的年均收入。到了1913年，福特汽车的年销量接近25万辆。

一次偶然的机会，福特参观了芝加哥的一家肉品包装厂。当时他看到肉品切割生产线上的电动车将屠宰后的肉品传送到每位工人面前，工人们只需切割事先指定部位的肉品。福特由此大受启发：

要为大众制造汽车，就必须让大众买得起，这意味着必须要建立一种规模经济，进行大规模的生产，才能降低成本。于是，福特为自己的公司也建立了一条汽车装配线。装配线的建立，让福特公司拥有了明显的效率优势，远远胜过竞争对手。1908—1912 年间，装配线的建立让汽车售价降低了 30%。到了 1914 年，福特公司的 13000 名工人生产的汽车超过了 26 万辆。那一年，其他所有汽车制造商一共才生产了 28.7 万辆汽车，仅仅比福特公司多出了 10%。1920 年，美国经济开始衰退，汽车的需求量也随之减少了。由于福特汽车的成本很低，因此他们能够将自己汽车的价格再降低 25%。而这时的通用汽车公司就无法像福特汽车公司那样去做，销售额急剧下滑。到了 1921 年，福特汽车的销量占据了整个市场份额的 55%，而通用汽车公司所有汽车的销量仅仅占了整个市场份额的 11%。

在与福特公司的竞争中败下阵来的通用汽车公司总裁斯隆明白，自己不能与福特公司的低成本的 T 型车竞争。经过权衡利弊，斯隆认为，福特公司虽然只制造了一种类别的汽车，这虽然是他们的优势，但也是他们的劣势，随着人们对汽车需求的改变，产品多样化、消费者分层化应该是汽车发展的一个方向。于是，斯隆为通用汽车公司制定了“满足各类钱袋、各种要求”的汽车新战略，参照人们的经济状况，提供不同价位和档次的产品。

在斯隆的领导之下，通用汽车公司的业绩节节上升。1927 年 5 月，它逼迫亨利·福特不得不关闭了自己钟爱的 T 型车装配线，转而向产品多样化和分层化方向发展努力。1940 年通用汽车公司的市场份额上升到了 45%，而福特汽车公司的市场份额则下跌到 16%。斯隆的战略取得了辉煌的成就。

如果用今天的眼光去看斯隆当年的改革觉得实在普通不过，而在当时，这是一个具有革命意义的变革。如果斯隆陷入思维定式，只想得到福特汽车公司生产的 T 型车模式，而且永远只想得到 T 型车，那么，他们永远无法突破，永远无法取代福特公司高度集中的管理体系所占据的主导地位，因为那是生产T型车的最佳途径。但福特公司的管理体系只完全关注公司内部的事务，也就是生产本身，而斯隆的设计结构则让通用公司更加贴近了市场，适应性更强，而且能够不断成长发展。

而亨利·福特恰恰没有想到，当人们都拥有了汽车，他们的生活也就发生了彻底的改变。某人购买了一辆汽车，可能这只能代表是他购买的第一辆汽车。而福特从来没有想到，人们还有可能购买第二辆、第三辆，更乐意购买更好的汽车，这种汽车会更加的舒适、强劲、时尚。于是，伴随着美国经济的繁荣发展和分期付款购物方式的出现，越来越多的人能买得起更好的汽车了。

一位曾经独自创造了未来的伟人，无法忘怀自己昔日的辉煌。假如福特没有沉醉于自己过去的那些创造之中，他肯定能预见即将到来的这些变化。但他反应太慢，最终被自己的竞争对手远远地甩在了后面。当然，亨利·福特的短视并没有使公司走向毁灭，他通过战略调整，最终使公司存活了下来。但有些人就没有这么幸运了，他们付出了更加昂贵的代价。

鲁尼恩规则告诉我们，所有的事情都不能只靠一次计划决定结果，每个成功的目标都需要不断地修正，要记住：笑到最后的才是赢家。

跳蚤规则：
目标决定你的人生

跳蚤规则指的是：你想跳多高，就会跳多高。我们不要自我设限，要不断超越过去的自己，超越自己的经验，超越个人的瓶颈。

生物学家做过一个有趣的实验：将一些跳蚤放进一只玻璃杯里，发现跳蚤很轻易地就跳了出来，重复几次，结果都是一样。根据测试，跳蚤跳的高度是其身高的100倍以上。接下来，实验者将这些跳蚤再次放进杯子里，同时在被子口加上一个玻璃罩，只见跳蚤重重地撞在玻璃罩上，虽然如此，跳蚤依旧不会停下来，因为跳蚤的生活方式就是“跳”，一次次跳起，一次次被撞，最后跳蚤变聪明了，他们开始根据玻璃罩的高度来调整自己所跳的高度，经过一段时间之后，这些跳蚤再没有撞击到这个玻璃罩，而是在罩下跳动。

几天后，实验者将玻璃罩拿掉，跳蚤不知道玻璃罩已经去掉，还是依照之前的高度继续跳跃。一周后，那些可怜的跳蚤还在这个玻璃杯内不停地跳动，而此时他们已经无法跳出这个玻璃杯了，因为他们已经从一只跳蚤变成了一只“爬蚤”！

后来，生物学家在玻璃杯下放了一个点燃的酒精灯。不到5分钟，玻璃杯烧热了，所有的跳蚤发挥自然的求生本能，再也不管是否会被撞痛（因为他们都以为还有玻璃罩），全部都跳出了玻璃杯，这就是著名的“跳蚤规则”。

跳蚤变成“爬蚤”，并不是自身失去了跳跃能力，而是由于一次次挫折后学乖了，调整自己跳跃的目标高度，而且适应了它，不再改变。

人生又何尝不是如此？许多障碍一开始时，在我们眼里都是那么沉重和无奈，等到我们鼓足勇气克服之后，才发现它不过是一层窗纸而已，而许多障碍看起来难以克服，实际上这些障碍并没有想象中的困难。有些时候，很多人都不敢去追求梦想，不是追不到，而是因为心里已经默认了一个“高度”，这个“高度”常常使他们受限，看不到自己未来的努力方向。

“自我设限”是一件悲哀的事，现实生活中，有许多人也在过着这样的跳蚤人生。年轻时意气风发，梦想着成功，但是往往事与愿违，一次次拼搏的结果换来一次次的失败，经过几次失败之后，他们便开始抱怨世界的不公平，开始怀疑自己的能力，他们不再勇往直前去追求成功，而是一再降低成功的标准。他们不是不能成功，而是因为他们心里已经默认了一个“高度”，这个高度常常暗示自己：成功是不可能的，这是没办法做到的。因此，“心理高度”是人无法取得伟大成就的根本原因之一。

现在我们来看一个真实的例子，这个例子很好地证明了，如果一个人看不到自己的目标，他就达不到终点。

1952 年 7 月 4 日清晨，加利福尼亚海岸被笼罩在浓雾中。在海岸以西 21 英里的卡塔林纳岛上，一个 34 岁的女人涉水进入太平洋中，开始向加州海岸游去。要是成功了，她就是第一个游过这个海峡的妇女。这名妇女叫费罗伦丝·柯德威克。在此之前，她是从英法两边海岸游过英吉利海峡的第一个妇女。那天早晨，海水冻得她身体发麻，雾很大，她连护送她的船都几乎看不到。时间一个钟头一个钟头过去，千千万万人在电视上注视着她。在以往这类渡海游泳中她的最大问题不是疲劳，而是刺骨的水温。15个钟头之后，她被冰冷的海水冻得浑身发麻。她知道自己不能再游了，就叫人拉她上船。她的母亲和教练在另一条船上，他们告诉她海岸很近了，叫她不要放弃。但她朝加州海岸望去，除了浓雾什么也看不到。十几分钟之后，人们把她拉上了船。而拉她上船的地点，离加州海岸只有半英里！

当别人告诉她这个事实后，从寒冷中慢慢复苏的她很沮丧，她告诉记者，真正令她半途而废的不是疲劳，也不是寒冷，而是因为在浓雾中看不到目标。柯德威克小姐一生中就只有这一次没有坚持到底。两个月之后，她成功地游过了同一个海峡。她不但是第一位游过卡塔林纳海峡的女性，而且比男子的记录还快了大约两个钟头。

对于柯德威克这样的游泳好手来说，尚且需要目标才能鼓足干劲完成她有能力完成的任务，对一般的人来说就尤其如此。同样，一个企业要想取得成功，也要为自己设定一个可以追逐的目标。摩托罗拉公司就是因追逐目标而成功的典型。

在美国企业界，有一个深孚众望的奖项——美国国家品质奖。它象征着美国企业界的最高荣誉。赢得此奖的企业，必须是能生产全国最高品质产品的企业。

为赢得该项奖项，摩托罗拉公司从1981年就开始了竞争。它派了一个侦察小组，分赴世界各地表现优异的制造机构进行考察。目的不仅是看他们怎么做，也要看他们如何精益求精。所有摩托罗拉的员工都面临着挑战，力求大幅度降低工作中的错误率。一批以时计酬的工人，负责指出错误并有奖赏。结果是产品错误率降低了90%，但摩托罗拉仍不满意。公司又设定了新的目标：所生产的电话的合格率达到99.997%。所有摩托罗拉员工，都收到一张皮夹大小的卡片，上面标示着公司的目标。公司还制作了一盒录像带，解释为什么 99% 的产品无故障仍嫌不足。这盒录像带指出，如果这个国家的每一个人，都以 99% 的品质来工作，那每年就会有 20 万份错误的医药处方，更别说会有三万名新生儿，被医生或护士失手掉落地上。试问，99% 的品质，对于将其性命托付给摩托罗拉无线电话的警察而言，是否足够？

1988 年，66 家公司开始竞夺美国国家品质奖。大部分参赛单位实际上都是一些像 IBM、柯达、惠普等大公司的某一部门，但摩托罗拉却以整个公司为单位参加竞赛，并以绝对的优势轻松夺魁。

1988 年度，摩托罗拉因减掉了昂贵的零件修复与替换工作，而节省了 2.5 亿万美元，收入增加了 23%，利润提高了 44%，达到前所未有的纪录。这样的盈余回报是令人欣慰的，也出乎原先的预期。一名主管声称："得美国国家品质奖，有一种金钱买不到的奇效。"这就是目标的效力，有什么样的目标就有什么样的人生。目标使我们产生积极性。

只有我们给自己的人生设定了目标，我们内心深处那个勇敢、坚定、执着、不畏艰险的"自我"才会走出来，我们才能最大限度地激发自己的潜能，更好地迎接人生路上的各种挑战。所以，我们要敢于梦想，敢于制定富有挑战性的目标，这样，我们的潜能才能最大限度地激发出来，才更容易在未来的路上获得成功。

出丑规则：

要不断超越自己，但不追求尽善尽美

出丑规则指的是，一个才能平庸的人固然不会受人倾慕，但这并不代表那些全然无缺点的人讨人喜欢。要说最讨人喜欢的人，其实是那种精明而带有小缺点的人，这种现象被称为“出丑规则”。即精明人不经意犯点小错，不仅瑕不掩瑜，反而更使人觉得他具有和别人一样会犯错的缺点，让人更加喜爱他。

曾经有一位著名的心理学教授做过一个试验：4 个测试者，分别看 4 段情节类似的访谈录像。第一段录像里，一个非常优秀的成功人士接受主持人访谈，这个人在自己所从事的领域里取得了辉煌的成就，主持人采访他的时候，他的态度非常自然，谈吐不俗，表现得非常有自信，没有一点羞涩的表情。这位成功人士的精彩表现，赢得台下观众的阵阵掌声。第二段录像中，也是位非常优秀的成功人士接受主持人的访谈，但他与第一位略有不同的是，在台上的表现有些羞涩，当主持人向观众介绍他所取得的成就时，他竟然非常紧张，不小心把桌上的咖啡杯都碰倒了，咖啡淋湿了主持人的裤子。第三段录像中，是一个非常普通的人接受主持人访谈，这个人和上面两位成功人士不同，他没有什么值得炫耀的成绩，整个采访过程中，虽然不太紧张，但也没有什么吸引人的发言，一点也不出彩。第四段录像中也是个很普通的人接受主持人访谈，整个采访过程中，他表现得非常紧张，和第二段录像中的成功人士一样，他也把身边的咖啡杯弄倒了，将主持人的衣服淋湿了。当这4段录像放完后，教授让测试对象从这4个人中选出一位最喜欢的，选出一位最不喜欢的。

你能猜到测试的结果是什么吗？最不受测试者们喜欢的当然是第四段录像中的那位先生了，几乎所有被测试者都选择了他，而奇怪的是，最让测试者们喜欢的不是第一段录像中的那位成功人士，而是第二段录像中打翻了咖啡杯的那位，有95%的测试者都选择了他。

生活中，对于那些取得过突出成就的人而言，一些微小的失误，例如打翻咖啡杯这样的细节，不仅不会影响人们对他的好感，相反，还会让人们从心理上感觉到他很真诚，值得信任。但如果一个人表现得完美无缺，我们从表面看不到他的任何缺点，反而会让大家觉得不够真实，恰恰会降低他在他人心目中的信任度，因为一个人不可能是没有任何缺点的，尽管别人不知道，他心里对自己的缺点也是心知肚明的。

有一位挑水夫，他有两个水桶，分别吊在扁担的两头，其中一个桶有裂缝，另一个则完好无缺。在每次长途的挑运中，完好无缺的桶，总是能将满满一桶水从小溪边送到主人家中，但是有裂缝的桶到达主人家时，只剩下半桶水。两年来，挑水夫就这样每天挑一桶半的水到主人家。当然，好桶对自己能够送满整桶水感到很自豪，而破桶则对于自己的缺陷感到非常羞愧，它为只能负起一半的责任而难过。

饱尝了两年失败的苦楚，破桶终于忍不住了，在小溪旁对挑水夫说："我很惭愧，必须向你道歉。"

"为什么呢？"挑水夫问道，"你为什么觉得惭愧？"

“过去两年，因为水从我这边漏掉了，你只能送半桶水到主人家，我的缺陷，使你做了全部的工作，却只收到一半的成果。”破桶说。

没想到，挑水夫蛮有爱心地说：“我们回到主人家的路上，我要你留意路旁盛开的花朵。”

走在回家的山坡上，破桶突然眼前一亮，它看到缤纷的花朵开满了路的一旁，沐浴在温暖的阳光之下，这景象使它开心了很多。

但是，走到小路的尽头，它又难受了，因为一半的水又在路上漏掉了！破桶再次向挑水夫道歉。挑水夫温和地说：“你有没有注意到小路两旁，只有你的那一边有花，好桶的那一边却没有开花吗？我明白你有缺陷，因此我善加利用，在你那边的路旁撒了花种，每次我从小溪边回来，你就替我一路浇了花。两年来，这些美丽的花朵装饰了主人的餐桌。如果你不是这个样子，主人的桌上也没有这么好看的花朵了。”

破桶听了之后，心情终于释然了。“木桶”的不完美成就了路面鲜花的完美，可以这样说，一种不完美往往是另一种完美的代言。当生命中有个小小的缺口，不要悲观怨叹，因为它可能让我们永远有追求幸福的动力。我们要正视缺陷，不要苛求完美。过于苛求完美，则很可能遭遇失败。

出丑规则告诉我们，我们要在思想上不断地努力超越自己，但并不是追求尽善尽美。每个人的智商、能力都差不多，要想既当个好经理，又当个好丈夫、好父亲、好儿子、好朋友，这是不现实的。如果你想在某一方面超越别人，做出成绩，那么在其他方面就可能作出牺牲，甚至出现出丑想象，这样才会集中你的时间、精力、财力、物力、关心，在某一点上取得突破，取得成功。虽然你的生活是不够完美的，在你主攻方向以外的方面，会有许多缺点和遗憾的，但这不妨碍你成为一位成功而快乐的人。

手表规则：

追求生命中的真正价值

手表规则是指一个人有一只表时，可以知道现在是几点钟，而当他同时拥有两块表时却无法确定。两只表并不能告诉一个人更准确的时间，反而会让看表的人失去对准确时间的信心。你要做的就是选择其中较信赖的一只，尽力校准它，并以此做为你的标准，听从它的指引行事。

山上生活着一群猴子，每天在猴王的带领下外出觅食、休息。一名游客把手表落在了树下的岩石上，被猴子“猛可”拾到了。聪明的“猛可”很快就搞清了手表的用途，于是，每只猴子都向“猛可”请教确切的时间，整个猴群的作息时间也由“猛可”来规划。“猛可”逐渐建立起威望，当上了猴王。

做了猴王的“猛可”认为是手表给自己带来了好运，于是它每天在山上巡查，希望能够拾到更多的表。功夫不负有心人，“猛可”又拥有了第二块、第三块表。但“猛可”却有了新的麻烦：每只表的指示都不尽相同，哪一个才是确切的时间呢？“猛可”被这个问题难住了。当有猴子来问时间时，“猛可”一时回答不上来，整个猴群的作息时间也因此变得混乱。过了一段时间，猴子们把糊涂的“猛可”推下了猴王的宝座，“猛可”的手表也被新任猴王据为己有。但很快，新任猴王同样面临着“猛可”的困惑。

在现实生活中，我们也经常会遇到类似的情况。比如两门选修课都是你所感兴趣的，但是授课时间重合，而且你又没有足够的精力学好两门课程，这个时候你很难做出选择。在面对两个同样优秀、同样倾心于你的男孩子时，你也一定会苦恼许久，不知该如何做出决断。

哲学家说：“人不可能同时踏入两条河流。”因此，我们必须随时做出选择，必须学会舍弃，必须突破一个又一个两难困境，因为每一次选择都将决定着我们获得的结果——成功或是失败。

选择是一个连续的过程，没有所谓“正确的选择”，只有“选择正确的方向”。一开始，个人的选择空间通常非常狭小，并不能完全自主地做出决定，但总有一定的选择余地。如何把握有限的选择权，使其朝向一个正确的方向十分重要。

也许我们无法做出绝对正确的选择，但是我们却可以做出对未来最有利的选择。一项选择是否正确，从某种意义上说取决于对未来的意义。譬如说，你刚刚大学毕业，摆在你面前的有两份工作，一份工资待遇高，但与自己的兴趣并不吻合，另一份工资待遇低，却是自己喜欢的，你该如何选择呢？

“我会选择自己喜欢的工作。”相信你会这样回答，而且是大多数人的答案。之所以如此，是因为它不过是一个假设。现代社会价值观不断教导人们要“自由选择”，要选择“对人生有价值的东西”。但是，一旦面对现实，我们的心理天平就会倾斜，尤其是当收入水平的高低差距超出了我们的心理承受能力时，大多数人都会失衡。

“是否可以这样考虑，先接受那份待遇高但自己不感兴趣的工作，积累一定的财富后，再去追求自己的兴趣爱好也不迟啊！”这才是大多数人真实的想法。其实，对于年轻人来说，一份工作即使收入高些，也不能使你一夜暴富，而另一份工作即使收入低些，也不会让你饿肚子。大多数情况下，其差别不过是眼前的生活费标准高低而已，而往往就是这一点点的差距使我们放弃选择一个正确方向的机会。

在很多时候，我们无法兼顾多方面的情况，所以一定要抓住生命中的主要问题，给自己一个坚定明确的方向：追求生命真正的价值，哪怕舍弃一些眼前的利益。

什么都想要，结果是什么也得不到。把一件事情放到不同的坐标系里去衡量，就如同用不同的手表来确定时间，最后只有把自己搞糊涂：无法知道准确的时间。因此要明确目标，不受干扰；懂得取舍，该放则放。

青蛙规则：
不能坐以待毙

人天生就是有惰性的，总愿意安于现状，不到迫不得已多半不愿意去改变已有的生活。若一个人久久沉迷于这种无变化、安逸的生活时，就往往忽略了周遭环境变化，当危机到来时就像那青蛙一样只能坐以待毙。这就是青蛙规则。

青蛙规则源于19世纪末美国康奈尔大学曾进行的一次著名的“青蛙试验”。他们将一只青蛙放在盛满沸水的大锅里，青蛙触电般地立即蹿了出去。后来，人们又把它放在一个装满凉水的大锅里，任其自由游动。然后用小火慢慢地加热，青蛙虽然可以感觉到外界温度的变化，却因惰性而没有立即往外跳，直到后来热度难忍而失去逃生能力最终被煮熟。

“青蛙规则”启示我们竞争环境的改变大多都是渐热式的，如果我们对环境之变化没有疼痛的感觉，最后就会像这只青蛙一样，被煮熟、淘汰了却仍不知道。一个人不要满足于眼前的既得利益，不要沉湎于过去的胜利和美好愿望之中，如果忘掉危机的逐渐形成和看不到失败一步步地逼近，最后就会像青蛙一般在安逸中死去。要居安思危，适度加压，使处于危境而不知危境的我们猛醒，使放慢的脚步加快，不断超越自己，超越过去。

未雨绸缪、居安思危、有危机意识是我们应该从青蛙规则中领悟到的。在生活和事业上都是如此，逆水行舟，不进则退。回顾一下过去，当我们遇到挫折和困难的时候，常常激发了自己的潜能；而一旦趋向平静，便耽于安逸、享乐、奢靡、挥霍的生活，这样就会不断遭遇失败。

可口可乐，作为世界软饮料行业的最卓越的公司。当 Roberto Goizueta 接任可口可乐的 CEO 时，他向高层主管们提出了这么几个问题：

“世界上 50 亿人口每人每天消耗的液体饮料平均是多少？”

“64 盎司。”(1 盎司约为 31 克)

“那么，每人每天消费的可口可乐又是多少呢？”

“不足 2 盎司。”

“那么，在人们的肚子里，我们的市场份额是多少？

Roberto Goizueta 这一系列问题正说明了一个公司和个人都应该时刻充满危机感和不满足感。今天的成功并不意味着明天的成功。只有不断地保持自己的危机意识，设定远大的目标，才不会在生活中被打败；你只有时刻保持着面临危机的心态，你才能在真正的危机到来时，临危不乱。

青蛙规则对我们的启示是“生于忧患，但不能坐以待毙”。人天生就有惰性，总愿意安于现状，不到迫不得已多半都不愿意去改变已有的生活。如果一个人久久沉迷于这种无变化而安逸的生活中，就往往忽略了周遭环境的变化，当危机到来时就像那青蛙一样，只能坐以待毙。

糖果规则：

成功也许就在你即将放弃的那一刻

小时候自控力、自信心强的人，长大后也能是一个乐观、坚定的人，会有更大的机会取得成功。这就叫“糖果规则”。

萨勒对一群都是4岁的孩子说：“桌上放2块糖，如果你能坚持20分钟，等我买完东西回来，这两块糖就给你。但你若不能等这么长时间，就只能得一块，现在就能得一块！”这对4岁的孩子来说，很难选择——孩子都想得2块糖，但又不想为此熬20分钟；而要想马上吃到嘴，又只能吃一块。

实验结果：2/3的孩子选择宁愿等20分钟得2块糖。当然，他们很难控制自己的欲望，不少孩子只好把眼睛闭起来傻等，以防受糖的诱惑，或者用双臂抱头，不看糖，或唱歌、跳舞。还有的孩子干脆躺下睡觉——为了熬过20分钟！1/3的孩子选择现在就吃一块糖。实验者一走，1秒钟内他们就把那块糖塞到嘴里了。

经12年的追踪，凡熬过20分钟的孩子（已是16岁了），都有较强的自制能力，自我肯定，充满信心，处理问题的能力强，坚强，乐于接受挑战；而选择吃1块糖的孩子（也已16岁了），则表现为犹豫不定、多疑、妒忌、神经质、好惹是非、任性，顶不住挫折，自尊心易受伤害。

糖果规则在我们的日常生活中都有体现。你有没有这样的经历：在一个公交站等车，车过去了一辆又一辆，但都不是你要等的那趟车。时间已经过去很长时间了，你终于等不起了，招手叫了一辆出租车。当你刚坐上车的一刹那，你发现你所等的那趟车正徐徐开来。

当然，这只是生活中的一件再普通不过的小事。一个人要想获得更大的成功，就要学会抵制诱惑。现代社会存在太多的诱惑，它们总是展示迷人的一面，引诱我们渐渐远离自己的理想与目标。每个人都会面对种种诱惑，学生做作业时，会受到游戏的诱惑；小孩子即使生了蛀牙，也会受到糖果的诱惑；减肥者会受到食物的诱惑。你可以利用糖果规则让自己放弃眼前的小利益，通过自己的努力和坚持取得更大的成功。在教育孩子时，要让他学会抵制诱惑，从而取得更大的进步。

成功也许就在你即将放弃的那一刻。因此，我们在生活中要善于抵制诱惑，不被眼前的小利益所迷惑，不做诱惑的俘虏，争取获得更大的成功。

贝尔规则：
有了成功的信心，成功就有了一半的把握

贝尔规则是指你想着成功，成功的景象就会在内心形成；有了成功的信心，成功就有了一半的把握。

这个规则得名于英国学者贝尔。他天赋极高，曾经不止一个人预计说，如果他毕业后进行晶体和生物化学的研究，一定会赢得诺贝尔奖。但他却心甘情愿地走了另一条道路——把一个个开拓性的课题提出来，指引别人登上了科学高峰。人们为了纪念他的精神，将他提出的这个规则称为贝尔规则。

有这样三种不同的人生——轰轰烈烈、平平凡凡、凄凄惨惨——如果让你去选择，你会选择哪一种？现实生活中，大多数的人都平平凡凡，甚至凄凄惨惨！为什么不同的人会有如此大的差距呢？他们之间真的有不可逾越的鸿沟吗？当然不是。成功者与失败者的最大不同，就在于前者坚信自己会成功，而后者则不坚信。

英国前首相威廉·皮特还是孩子的时候，就相信自己一定能够成就一番伟业。在成长过程中，无论他身在何处，无论他做些什么，不管是在学习、工作还是娱乐中，他从未放弃过对自己的信心，他不断地告诉自己应该成功，应该出人头地。这种自信的信念在他身体中的每一个细胞中生根发芽，并鼓励着他锲而不舍、坚忍

不拔地朝着自己的人生目标——做一个公正睿智的政治家——前进。22 岁那年，他就进入了国会；第二年，他就当上了财政大臣；25 岁的时候，他已经坐上了英国首相的宝座。凭着这股要成功的信念，威廉·皮特完成了自己质的飞跃。

英国作家夏洛蒂很小的时候就认定自己会成为伟大的作家。中学毕业之后，她开始为成为伟大作家而努力。当她向父亲透露这个想法时，父亲却说：写作这条路太难走了，你还是安心地教书吧。她给当时的桂冠诗人罗伯特·骚塞写信，两个多月之后，她日日夜夜期待的回信这样写着：文学领域存在着很大的风险，你那习惯性的遐想，可能会让你的思绪混乱，这个职业对你而言并不合适。但是夏洛蒂对自己在文学方面的才华很自信，不管有多少人在文坛上挣扎，她都坚信自己会脱颖而出。她要让自己的作品出版。终于，她先后写出了长篇小说《教师》《简·爱》，成为一名世界闻名的作家。

不论环境如何，在我们的生命中，都潜伏着改变现实环境的力量。如果你满怀信心，积极想着成功的景象，那么世界就会变成你所想的模样。你可以达到成功的最高峰，也可以在庸庸碌碌中悲叹。而这一切的不同，仅仅在于你是否有成功的信念！

也许有人认为这是危言耸听，会说成功哪有这么容易。可事实是，只要你相信，成功真的没有想象的那么难。1965 年，一位韩国学生到剑桥大学主修心理学。在喝下午茶的时候，他常到学校的咖啡厅或茶座听一些成功人士聊天。这些成功人士包括诺贝尔奖获得者，某一些领域的学术权威和一些创造了经济神话的人。这些人幽默风趣，举重若轻，把自己的成功都看得非常自然和顺理成章。时间长了，他发现，在国内时，他被一些成功人士欺骗了。那些人为了让正在创业的人知难而退，普遍把自己的创业艰辛夸大了，也就是说，他们在用自己的成功经历吓唬那些还没有取得成功的人。

想到这里，他认为对韩国成功人士的心态加以研究将是一个不错的题目。不久，他把《成功并不像你想象的那么难》做为毕业论文，提交给现代经济心理学的创始人威尔·布雷登教授。布雷登教授读后，大为惊喜。惊喜之余，他写信给他的剑桥校友，当时正坐在韩国政坛第一把交椅上的人——朴正熙。他在信中说，“我不敢说这部著作对你有多大的帮助，但我敢肯定它比你的任何一个政令都能产生震动。”

正如威尔·布雷登所料想的，这本书果然伴随着韩国的经济起飞了。这本书鼓舞了许多人，因为它从一个新的角度告诉人们，成功与“劳其筋骨，饿其体肤”“三更灯火五更鸡”“头悬梁，锥刺股”没有必然联系。只要你对某一事业感兴趣，长久地坚持下去就会成功，因为生命赋予你的时间和智慧够你圆满地做完一件事情。后来，这位青年也获得了成功，他成为韩国泛业汽车公司的总裁。

很多事情我们都不敢做，并不在于它们很难，而在于我们不敢做。其实，人世中有许多事，只要想做，并相信自己能够成功，那么你就能做成。想着成功，你的内心就会产生为成功而奋斗的无穷动力。不管遇到怎样的困难，都要坚信自己一定会成功，那么，最终你一定会成功。要知道，你来到世间就是为了取得成功的！

卡贝规则：
学会了放弃，你也就学会了争取

卡贝规则指的是，放弃有时比争取更有意义，放弃是创新的钥匙。如果努力争取的东西与目标无关，或者目前拥有的东西已成为负担，或者劣势大于优势，那么还不如放弃。当你放弃了本不属于你的东西，你可能会突然发现，你已经拥有了你曾争取过而又未得到的东西。

它的提出者是美国电话电报公司前总经理卡贝。

在印度的热带丛林里，人们用一种奇特的狩猎方法捕捉猴子：在一个固定的小木盒里面，装上猴子爱吃的坚果，盒子上开一个小口，刚好够猴子的前爪伸进去，猴子一旦抓住坚果，爪子就抽不出来了。人们常常用这种方法捉到猴子，因为猴子有一种习性：不肯放下已经到手的东西。人们总会嘲笑猴子的愚蠢：为什么不松开爪子放下坚果逃命？但如果审视一下一些人类的行为，也许就会发现，并不是只有猴子才会犯这样的错误。

现代社会似乎给我们描绘了一幅幅风和日丽、欣欣向荣的财富画卷，而一个个诗情画意、神乎其神的成功故事，则更令我们激情冲动，意乱情迷。于是，在众多的致命诱惑面前，太多的人忘却了理性的分析和选择，忘却了放弃，而任凭拥有和欲望的野马在陷阱密布的商界里纵横驰骋。殊不知，放弃也是一种战略智慧。学会了放弃，你也就学会了争取。

1964年的时候，日本松下通信工业公司突然宣布不再做大型电子计算机。当时的松下已经花费了5年时间，投入高达10亿日元研究开发资金，而研发也很快要进入最后阶段，松下公司突然全盘放弃，需要多么大的胆魄。那个时候的松下经营得十分顺利，财政上也是安全的，所以这一决定成为世界商业史上的一次重要决定。当时的松下幸之助是因为考虑到大型电脑市场竞争十分激烈，一着不慎，就可能使整个公司陷入危机之中，等到那个时候再撤退，可能就为时已晚。这个撤退的决定是正确的，之后的市场正是按照松下的预测行进，像西门子、RCA这种世界性的公司，都陆续放弃了大型电脑的生产，松下用他的预见能力和全局观念果断地放弃，由此走在了他们前面。

一个青年向一位富翁请教成功之道。富翁拿了3块大小不等的西瓜放在青年面前："如果每块西瓜代表一定程度的利益，你选哪块？""当然是最大的那块！"青年毫不犹豫地回答。富翁笑了笑说："那好，请吧！"富翁把那块最大的西瓜递给了青年，而自己吃起了最小的那块。很快富翁就吃完了，随后拿起书桌上的最后一块西瓜得意地在青年面前晃了晃，大口吃了起来。青年马上明白了富翁的意思：富翁吃的瓜虽然不比我的瓜大，却比我吃得多。如果西瓜代表一定程度的利益，那么富翁占的利益自然就更多。

人们往往把目光盯在自己没有的东西上，拼命地去争取，去获得，全不管它对我们有没有用，会不会带来危机，使自己满身都是包袱。交战时，撤退是最难的，是有智慧的，如果无法勇敢地实施撤退，或许就会受到致命的一击。瑞士军事理论家菲米尼有一句名言："一次良好的撤退，应与一次伟大的胜利一样受到奖赏。"无论个人还是企业，都要学会放弃。当然，我们要的不是无可奈何地放弃。壮士断腕，就是在紧要关头，主动割爱，以期另图出路。这是一种胆略与气魄，是一种理智与智慧。

森林规则：
有竞争才有生命力

一棵树如果孤零零地生长于荒郊，即使成活也多半是枯矮畸形；如果生长于森林丛中，则枝枝争抢水露，棵棵竞取阳光，长得参天耸立，郁郁葱葱。此种现象被称为“森林规则”。

走近森林，会发现一个很奇怪的现象，森林里的树木绝大多数是直的，而且高度也相差不多。这是因为树木为了争夺可贵的生命资源——阳光，会把自己的生长状态进行不断的调整，尽量不分叉，尽量不弯曲，尽量不长在其他树的阴影下。而那些长叉过多的、弯曲地长在其他树下的树，有可能因为能量供应不上长得虚弱而被虫、藤等绞杀掉，成为其他树的肥料。

为了争夺必要的生命资源，保持与周围环境一种和谐的竞争状态，每棵树都必须克服自身的弱点。正是这种竞争规则使我们看到的森林，总是又高又直，长得都差不多。这也可以看做是群体优势。

“森林规则”对于人的成长具有借鉴作用。在一个良好的集体中，你会更快更好地成长，助你的事业更上一层楼。因为集体的良好环境，是人才成长的摇篮。一方面自己要通过自身的学习、实践和努力来加速素质的提高，另一方面又要寻找良好的成长氛围。在这样的集体里，会有多种激励措施营造竞争向上的良好的集体氛围，你在这种良好的集体氛围里长久熏陶，并能与同事进行良性的竞争，从而感受工作压力，激发工作动力，释放自己的全部潜能。

一位成功的企业家在作报告时，一位听众问："你在事业上取得巨大成功的秘诀是什么？"企业家没有直接回答，而是拿起粉笔在黑板上画了一个圈，只是没有画圆，留下一个缺口。企业家反问道："这是什么？""零""未完成的圆圈""未完成的事业""成功"，台下的听众七嘴八舌地回答。企业家说："这只是一个未画完的句号。你们问我为什么会取得辉煌的业绩，道理很简单：我不会把事情做得很圆满，就像画个句号，一定要留个缺口，让我的下属去填满它。"

企业家给了下属更多的空间，让下属感觉到自己的重要性，这是一个智者进行管理的最好方法。就如同给猴子一棵树，让它不停地攀登；给老虎一座山，让它自由纵横。试想，你在这样的集体里，你怎么能不腾飞呢？

森林规则告诉我们：个人的成长是在集体中通过与人交往、与人竞争而成长的，集体的要求、活动、舆论评价和成员素质等都对个人成长具有举足轻重的作用。良好的集体往往造就心智健康的人，不良的集体往往造就心智不健康的人。作为个人你要学会选择你的集体，选择你的环境。

布利丹规则：
鱼与熊掌不可兼得

布利丹规则又称布里丹之驴、布里丹选择或布里丹困境。指的是，人们在决策中犹豫不决、难作决定的现象。

布利丹规则是从一个外国寓言引申而来的。14世纪的时候，法国经院哲学家布利丹在一次议论自由问题的时候，讲了一个寓言故事："一头饥饿至极的毛驴站在两捆完全相同的草料中间，可是它却始终犹豫不决，不知道到底应该先吃哪一捆才好，结果活活地被饿死了。""布利丹驴"就是由这个寓言故事引申出来的，后来被人们用来喻指那些优柔寡断的人。

当然，布利丹规则也是可以避免的，对策有以下的方式：必须果断地抓住时机，确定新的前进方向，集中所有的资源，不遗余力地向新方向进发。这是成功者应该有的前瞻性能力。

"看清了再做"只是一种理想的状态，不要去依赖这句话，这种情况在现实决策中是不可能出现的，等你看得非常清楚的时候，所有的竞争对手都已经看得非常清楚了，那么这个战略方向就不可能孕育着"大赢"的机会。所以，当你大致看清楚了一个方向的时候，就必须全力进取，只有这样，才能够有所突破。

其实，没有人可以在全力进入新方向之前准确地看清前行的道路，但为了抓住机会，你必须做出果断的决策。在这个过程中，最怕的就是“浅尝辄止，四面出击”。

在人生道路上，有赢也有输，如果长时间的犹豫不决，你所付出的代价可能会更大。格鲁夫在回忆英特尔转型时谈道：“路径选错了，你就会失败。但是大多数人的失败，并不是由于选错路径，而是由于三心二意，在优柔寡断的决策过程中浪费了宝贵的资源，断送了自己的前途。所以最危险的莫过于原地不动。”选择有可能是错的，但不选择的代价可能更高。严重地说，后者无异于一种慢性自杀。

有这样一则寓言，一个企业家，随着事业的发展，手下人手日增，人多嘴杂主意多，逢事必争个高下。这种情况下，企业家很苦恼，他不知道该听谁的好，于是决策就迟迟定不下来，这也就导致了企业运行陷入瘫痪。企业家开始怀疑自己的能力，不敢见人，整日闭门看报学经。无意中，他看见报上介绍一个新的产品，名曰“决策机”，于是就立即买来一台，并严格地按照使用说明进行操作。从此，凡有需决策之事，他就进小黑屋叮叮当当按几下机器，然后转身告诉下属“行”或者“不行”。手下人不明就里，直夸老板变得果断而英明。一日，企业庆功，企业家酒后吐真言，英明者乃“决策机”也。手下大喜，既然如此，我们何不把这个英明的钢铁家伙拆开来研究透了，然后仿制出了来卖？说干就干，切割机开始工作，切开一层又一层，厚厚的彩色钢板终于被切开，核心部件露出了真面目——硬币一枚，一面写着 YES（行），另一面写着 NO（不行）。

如果一个人在面临两难选择的时候，举棋不定或者不知所措，那么最终的结果可能是：轻者错失发展机会，重者一事无成。因此，一个人能否成功，很大程度上取决于能否在两难选择的困境中，做出及时正确的选择。

我们经常会面临两难的选择，选择 A，担心失去 B；选择 B，却又担心失去 A。正是由于这种举棋不定的心理，让我们失去了最佳的决策时机。布利丹规则告诉我们，鱼与熊掌不可兼得，不要犹豫，最好的时机做出抉择，你才能有成功的机会。

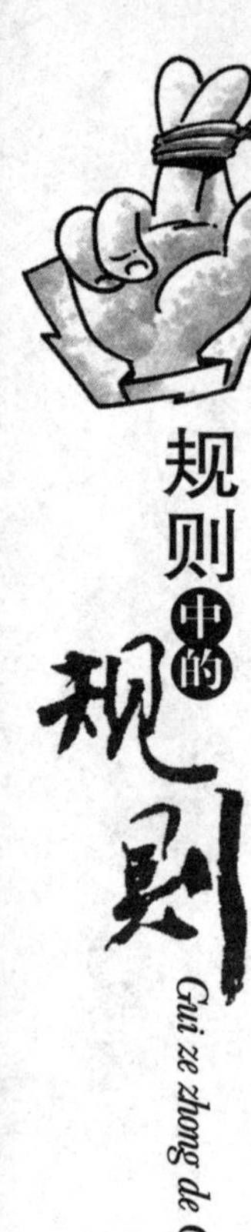

瓦拉赫规则：
寻找自己的智能强点

人的智能发展都是不均衡的，都有智能的强点和弱点，他们一旦发现自己智能的最佳点，使智能潜力得到充分的发挥，便可取得惊人的成绩。这一现象人们称之为“瓦拉赫规则”。

奥托·瓦拉赫是诺贝尔化学奖获得者，他的成才过程极富传奇色彩。瓦拉赫在开始读中学时，父母为他选择的是一条文学之路，不料一个学期下来，老师为他写下了这样的评语：“瓦拉赫很用功，但过分拘泥，这样的人即使有着完善的品德，也绝不可能在文学上发挥出来。”此时，父母只好尊重儿子的意见，让他改学油画。可瓦拉赫既不善于构图，又不会润色，对艺术的理解力也不强，成绩在班上是倒数第一，学校的评语更是令人难以接受：“绘画艺术方面的不可造就之才。”面对如此“笨拙”的学生，绝大部分老师认为他已成才无望，只有化学老师认为他做事一丝不苟，具备做好化学实验应有的品格，建议他试学化学。父母接受了化学老师的建议。这下，瓦拉赫智慧的火花一下被点着了。文学艺术的“不可造就之才”一下子就变成了公认的化学方面的“前程远大的高才生”。

马克·吐温做为职业作家和演说家可谓名扬四海，取得了极大的成功。你也许不知道，马克·吐温在试图成为一名商人时却栽了跟头，吃尽苦头。

马克·吐温曾投资开发打字机，因受人欺骗，赔了 19 万美元。马克·吐温看见出版商因为发行他的作品赚了大钱，心里很不服气，也想发这笔财，于是他开办了一家出版公司。经商与写作毕竟风马牛不相及，马克·吐温很快陷入困境，赔了近 10 万美元。这次短暂的商业经历以出版公司破产倒闭告终，作家本人也陷入债务危机。

经过两次打击，马克·吐温终于认识到自己毫无商业才能，遂绝了经商的念头，开始在全国巡回演说。这一回，风趣幽默、才思敏捷的马克·吐温完全没有了商场中的狼狈，重新找回了感觉。马克·吐温很快摆脱了失败的痛苦，在文学创作上取得了辉煌的业绩。到 1898 年，马克·吐温还清了所有债务。

一个人唯有真正地了解自己，才能找到真正属于自己的位置，进而成就自己的事业。正确地认识自己，对于心灵的健康是十分有益的。1952 年 11 月 9 日，爱因斯坦的老朋友、以色列首任总统魏茨曼逝世。以色列驻美国大使多次向爱因斯坦转达了以色列总理本·古里安的信，正式提请爱因斯坦为以色列共和国总统候选人。不久，爱因斯坦在报上发表声明，正式谢绝出任以色列总统。在爱因斯坦看来，“当总统可不是一件容易的事。我整个一生都在同客观物质打交道，因而既缺乏天生的才智，也缺乏经验来处理行政事务以及公正地对待别人”。的确，爱因斯坦研究科学比治理国家会更得心应手一些。每个人都有自己擅长和不擅长的东西，如果能够扬长避短，那么每个人都会是天才。

人生在世，重要的是认识自己，只有正确地认识自己，才能正确地认识别人，才能正确地评价自己和评价别人。每个人都要正确地认识自己，对自己有一个正确的定位，才不会走错路。